不要**浪费时间**在
无效社交上

王利利（知名心理作家）◎著

台海出版社

图书在版编目（CIP）数据

不要浪费时间在无效社交上/王利利著. -- 北京：
台海出版社，2018.9

ISBN 978-7-5168-2070-4

Ⅰ.①不… Ⅱ.①王… Ⅲ.①成功心理—通俗读物②
心理交往—通俗读物 Ⅳ.① B848.4-49 ② C912.11-49

中国版本图书馆 CIP 数据核字（2018）第 188189 号

不要浪费时间在无效社交上

著　　者：王利利

责任编辑：高惠娟　赵旭雯
责任印制：蔡　旭

出版发行：台海出版社
地　　址：北京市东城区景山东街 20 号　邮政编码：100009
电　　话：010 — 64041652（发行，邮购）
传　　真：010 — 84045799（总编室）
网　　址：www.taimeng.org.cn/thcbs/default.htm
E – mail：thcbs@126.com

印　　刷：玉田县昊达印刷有限公司
开　　本：710 毫米 ×1000 毫米　1/16
字　　数：168 千字
印　　张：15.25
版　　次：2018 年 10 月第 1 版
印　　次：2018 年 10 月第 1 次印刷
书　　号：ISBN 978-7-5168-2070-4
定　　价：39.80 元

前　言

一名刚进入某报社的实习生向一位前辈请教道："前辈，请问如何才能结识这个行业中的大咖和资深人士呢？"前辈告诉他说："要多向他们请教，多与他们沟通、交流。"

可实习生却一脸无奈地说："我在报社已经实习两个月了，虽然在此期间我经常向那些资深人士请教，想方设法引起他们的关注，可他们虽然待我很亲切，却似乎很难记住我，每过一段时间再去请教他们问题时，他们都把我当成了陌生人。"

那位前辈略微思考了一会儿对他说："其实，那些人之所以待你亲切，是因为他们有涵养，但并不是说能够接纳你成为他们人际关系中的一员。现如今，你想要结识一个人是相当容易的，但如果想让对方记住你是很难的，除非你有突出的亮点和特质，比如，你会拉小提琴或是说话风趣幽默等。"

在现实生活中，可能很多人都有实习生这样的经历：微信、QQ、手机通讯录中似乎有很多功成名就的人，这都是我们社交的"硕果"，看到这些"硕果"，很多人都会感到非常有成就感，但很快我们就会发现，这些都是形同虚设。朋友圈、QQ等社交工具中虽然有很多联系人，但我们几乎没有与他们联系过，有事需要他人帮忙时，翻找了好几遍，也找不到可以求援的人；手机通讯录里的联系人虽然不少，但从未拨出过他们的电话，对方也从没有联系过我们……

其实，这就是无效社交的表现，只会让我们浪费时间和精力，所以，如果不想让无效社交耽误你，就要懂得提高自己的社交能力，完善社交技巧。在信息时代，不管是哪个行业中的大咖或资深人士，还是普通的民众，想要掌握商场的先机，想要获得成功，都需要实现高质量的社交和沟通。这是因为，沟通是人际关系的桥梁和纽带，是事业成功的法宝。

本书从多个方面详细地为读者介绍了大量摒弃无效社交、实现高效沟通的方法。而在介绍这些方法时，我们借助生动的故事和平实的文字进行阐述，从而让读者在轻松的阅读中掌握高效的社交和沟通技巧，以帮助我们在人际交往中建立良好的人际关系，让我们在与人沟通的过程中无往不胜。

目　录

Part3 摒弃无效社交，先完善自己

Part4 告别无效社交，练就高情商

Part7　主动出击，成为社交达人

无效社交的表现，你占了几条

在社交场合中，如果我们与他人的交情比较浅或者是"对手"，可以直接拒接他人的人情，从而不欠对方的人情。不过，拒绝人情也是一种无奈之举，需要根据具体的情况来判断。

欠下很多"人情债"

三国时期，曹操对关羽非常赏识，当他将关羽擒获后并没有将其杀掉，而是用非常优越的条件来款待他，并希望他能留下来为自己效劳。可当时关羽却向曹操言明："不管你用何种条件来挽留我，我都不会答应，我只是暂且留在这里，一旦有了大哥的消息，我就会离开的。"曹操听后，只好答应对方。

后来，关羽得知刘备的消息后立刻骑马前去投奔。可想要走出曹营并不是那么容易的事，有很多大将都在各个关口阻拦他。而关羽也没有手软，一路上斩杀了曹操麾下的6名将领。当曹操得知关羽离开的消息后，立刻前去追赶对方。

可是，当他见到关羽时并没有质问对方为什么要杀他几员大将，而是关心地问对方所带的盘缠是否够用以及一些体己话。曹操还对关羽说："虽然你我没有缘分一同共事，但我敬重你是一个难得的人才和英雄，所以实在不忍心将你杀害，如果日后我们再相见，也请你能顾及今日之情。"关羽本来就很重情重义，自然非常感谢对方的赏识和不杀之恩。

后来，在赤壁之战时，曹操被蜀吴联军打得落荒而逃，可在华容道上，关羽所带的人马却将他的逃跑之路给截断了。曹操本以为自己这次必死无疑，但念及旧情的关羽却放了曹操一条生路。正是因为关羽将他放了，才让日后的曹操在稳定内部后，变得日益强大。

其实，正是因为关羽欠了曹操的一个很大的"人情债"，才在华容道上找机会还了他的人情。在日常生活中，经常会听到有人说"我最怕欠人情了"等。因为在大多数人的眼中，人情是一个能不欠就不欠的"高利贷"。有心理学家表示，在人际交往中，最难还的债就是人情债了。因为人情是必须要还的，如果欠久了难以偿还，就会成为一种心理负担。

当今社会是一个讲究关系的社会，非常注重人情往来。这本是一件无可厚非的事情，因为人情能够让人际关系变得稳固，也是人们情感的纽带。可是，随着人口流动和人际交往方式逐渐变得多元化，特别是网络的发展，本是正常的人情往来却变成了沉重的"人情债"，异化为徒增负担的无效社交。

比如，在演艺圈中，刘德华和李连杰都是很有演技的明星，可早年他们所接拍的一些电影却被网友称为烂片，并让很多粉丝对他们感到有些失望，更有网友表示，他们的人气快被这些烂片给败光了。其实，他们之所以会接拍一些烂片，是因为还"人情债"，由于之前曾受到他人的帮助和恩惠，现在自己有能力就会予以偿还，否则内心会很不好受。

再如，经常有网友在微博上吐槽：自己已经被"人情消费"和"份子钱"压得喘不过气来，直呼"钱包都受不了了"。本以为在节假日能好好休息一下，却接到各种结婚、生子等邀请，不得不出"份子钱"。结果，在月底统计时发现，自己所出的"份子钱"竟然超过了自己一个月的工资。

一项调查显示，84.8%的受访者声称，"份子钱"让自己感到很有压力，总感觉工资不够用；有43.6%的受访者表示，不能仅凭礼金多少来确定关系亲疏；但也有47.5%的受访者认为，"份子钱"是维持人际关系的方式之一。

其实，"份子钱"本是一种传统习俗，也是人际交往中的一种人情活动，表示对他人的祝福。本来，这种习俗是有钱出钱，没钱则送些礼物或是出些力，只要心意到了就好。可现在，"份子钱"一般都是直接送现金，而且数目越来越大，动辄几百、上千。人际关系也被这种礼金所套牢，不管是送的人还是收的人都在心里直叫苦，感到"压力山大"，导致人情变了味，人际关系也被异化，甚至沾满了"铜臭"。特别是对于经济条件一般的人而言，更是成了一种沉重的经济负担。

而随着互联网和智能手机的普及，"份子钱"也变得"高大上"起来，直接用二维码扫描。有媒体报道称，在某个婚礼上，一位伴娘为新人收份子钱，竟然在身上挂着微信和支付宝的二维码，这个举动让很多宾客感到有些尴尬。有的网友表示，这种"明目张胆"地向亲朋好友要钱的做法太过分了吧。

虽然很多人都在抱怨"份子钱猛于虎"，但大多数人对此却无法拒绝，因为这是传统习惯导致的。在中国，非常讲究礼尚往来，将人情看成是人际关系的连接纽带，人际交往的润滑剂和催化剂，当他人笑容满面送来请帖时，导致我们无法拒绝。

其实，之所以会出现这种现象主要是因为"关系社会"的潜规则导致的，如今，不管是孩子上学还是找工作，都秉承"有关系好办事"。所以很多人都非常注重维护这些关系，比如同学关系、同事关系、朋友关系等，而维持的方法就是婚丧嫁娶中的人情往来，从而让随份子成为一种有效的人际交往工具。但"份子钱"的泛滥和无限膨胀却让人情变了味，成为大环境压力下的一种无效社交，甚至是产生负面效果。

因此，在人际交往中如果不想让自己成为人情的"负债者"，不愿在心理上、经济上承受巨大的负担，就要学会不要欠下太多的"人情债"。那么，应该怎么做才不会让正常的人际交往变成"无效社交"呢？对此，有专家提出以下几点建议：

一是回报他人更多的人情。不想欠下"人情债"所以不接受他人的人情，在某些时候是行不通的，这只会让我们的人际关系受损。比如，他人请客吃饭，这就是人情，当我们拒绝接受邀请时，就是亏人情。虽然这样做不欠人情了，但却终止了我们与他人的来往，结果我们只会被社会孤立。

因此，专家建议，为了不欠他人更多的人情，最有效的方法就是回报别人更多的人情。俗话说得好："吃人一口，报人一斗""你敬我一尺，我敬你一丈"，这样在人情上我们就不会出现"赤字"，而且还会让他人反欠了我们的人情。

二是减轻关系负担。有专家认为，如果负载过多的社会关系和人情，只会让自己钱包和心理承受不了，所以，为了减轻关系负担，不妨打造新型的人际关系，最大限度地剥离人际交往、人情往来中的金钱交换，才能在社交中享受那份温暖、温馨，毫无负担地送上祝福。比如，送一些精心挑选的礼物或者其他物品等。

三是在人际交往中遵循平等的原则。现在，很多人在聚会时都会采取"AA制""三三制"等，即不管大家有没有钱，所有参加聚会的成员都要平均分摊所开销的费用，这样大家就不会欠别人的人情。

四是与他人交情较浅，可直接拒绝人情。有专家表示，在社交场合中，如果我们与他人的交情比较浅或者是"对手"，可以直接拒接他人的人情，从而不欠对方的人情。不过，拒绝人情也是一种无奈之举，需要根据具体的情况来判断。

【《亮剑》的启示】

在电视剧《亮剑》中，李云龙与楚云飞虽然在某种意义上算得上朋友，可他们二人也是对手。当楚云飞的手下叛变投敌时，李云龙及时将其解救下来，并建议要帮助他清理门户，可楚云飞却当场拒绝了，因为他认为自己与李云龙交情没有那么深，而且是对手，也不愿意欠他的人情。

总是喜欢交浅言深

　　樊雪最近刚就职于一家新公司，对于这个新环境，她自我感觉不错，因为公司距离家比较近，而且各方面待遇很好。可是，在这家公司做了一个月后，她被同事殷娜的"真诚"所吓到，不知该如何与其相处。

　　有一次，公司举行聚餐，聚餐地点离樊雪家不远，聚餐还没有结束，殷娜就对她说："亲爱的雪儿，我听说你家就住在这附近，等聚餐结束后已经很晚了，我不想一人打车回去，咱们同事一场，我今晚就住你家吧，正好给你说说我感情的事儿。"樊雪听了十分错愕，因为她与殷娜并不是很熟悉，在公司中只是工作上有交集，平时偶尔一起吃个饭，但私下里却没什么来往，她们的关系根本就谈不上能够让其住到家里，而且更不要说谈及个人的情感问题了。

　　可樊雪还没有来得及拒绝对方，殷娜就对其他同事说："我今晚去雪儿家住了，聚餐结束后你们去K歌不要再叫我了。"这让樊雪非常无奈，但又不好再说拒绝的话，只好让殷娜住在自己刚租的出租房中。

　　到了快要休息时，殷娜开始向樊雪倾诉自己的感情事儿："我的前男友真是太渣了，与我交往时竟然还与其他女生搞暧昧，还好我及时发现，要不我实在太冤了，竟然一直傻傻地对他那么好。"这让樊雪不知道该如何应答，因为殷娜与她只是同事，却向自己说出这么私隐的事情，所以她只好不住地"嗯"来回应。后来，樊雪已经困得不行了，殷娜还在喋喋不休地说着她与前男友之间的事。

之后，樊雪尽量不与殷娜有过多的接触，除了工作沟通外，她不想与其有其他交流，因为她非常不喜欢那种交浅言深的人。

交浅言深，出自于《后汉书·崔骃传》中"骃闻，交浅而言深者，愚也"。这句话的意思是说，与交情浅的人深谈，是很愚蠢的。著名的诗人苏东坡也曾给皇帝上书道："交浅言深，君子所戒。"可见，在人际交往中，交浅言深是比较忌讳的。所以，上文的樊雪才不愿与殷娜交往。

凯特·福克斯曾在《英国人的言行潜规则》中表示，在社交上，英国人非常抗拒过分认真的交流，这是英国人的社交准则，避免"过分认真"，在与人谈话时，他们更在意"严肃"。有心理学家表示，在人际交往中，对于认识没多久、交情比较浅的人来说，波澜不惊而又严肃的交往方式才是最为合适的相处方式。而交浅言深则属于一种无效社交行为，甚至可能造成负面影响。

可是，仔细观察我们周围的人际交往会发现，有的人在社交中常常会陷入交浅言深的误区，这种看似真诚的沟通，其实在很大程度上给自己的人际关系理下了地雷。比如，上文的殷娜觉得与樊雪已经有"深厚"的交情，所以理所当然地认为，自己可以去她家里住。可对樊雪来说，她们之间的关系并没有到那个层次，而且让樊雪产生了反感的情绪。

因此，心理学家指出，在双方还不够了解时，如果我们向他人投以爆炸式增长的热情，是很难让人接受和认可的。在人际交往中，想要关系不断递进，需要用时间来慢慢呵护，不能过于心急，否则，只会陷入无效社交，无法维系交情。

另外，交浅言深会让人丧失神秘感。在人际交往中，许多人与他人交往还不够深，就大谈自己的经历和遭遇，想要以这份真诚来获得他人的好感，其实，这种真诚并不是对方想要的。有心理学家指出，在社交场合中，人们往往会因为神秘感而建立联系，如果我们过早地打破这种神秘感，就很容易让他人对我们失去兴趣。在人际交往中，神秘感起到调节的作用，能够让彼此互相吸引，从而拓展人际关系。

比如，宋杰在听讲座时认识了一位学姐，特别是学姐在台上演讲时，宋杰更是被其渊博的知识所吸引，想要进一步接触对方。于是，在同学的帮助下，他获得了学姐的联系方式。在给她发短信介绍自己时，宋杰将自己的经历都和盘托出，以为凭借自己这份真诚，学姐会很喜欢他。可后来，学姐只是偶尔回复几次，之后再也没有下文了，这让宋杰感到很失落。

交浅言深有时还会换来他人的背叛。如果与他人交情不深却总是向对方说一些肺腑之言，但对方可能一转身就会做出出卖自己的事情。

比如，王腾是某电影学院的学生，学校明文规定在上学期间学生是不能接戏的，只能在实习时可以接受外拍的任务。可王腾最近接到一个不错的戏，而且还是有名的导演导的，所以他偷偷地出去拍戏。在拍了几场后，他感到非常兴奋，就将这事迫不及待地告诉了一位刚刚转来的同学，并告诉他要为自己保守秘密。可谁知，没过多久，他就被学校发现私自外出接戏的事情，而且还被学校严惩。

有心理学家分析，与人结交没多久就向他人诉说自己的秘密，从心理层面来说，可能会被认为属于以下两种情况：一是会被他人看作太过年轻，由于对这个世界充满了幻想和期待，所以这类人往往有些单纯，很容易就会对他人讲出自己的秘密。不过，他们也可能会将他人的秘密随意告诉别人；另一种则会被人认为太有心机，在与人交往时有明显的目的，他们向别人说一些掏心掏肺的话，可能是为了换取对方更多的秘密。

其实，不管是哪一种情况都会对人际关系造成困扰，都不利于人际关系的发展。因此，专家建议，在社交场合中，应该抱着自然的心态与他人交往，不要说过于"贵重"的言语，这样不仅让人在短时间内难以接受，而且还会对我们产生消极的想法。

那么，在社交场合中，如何才能不让自己把握好说话的分寸，避免无效社交呢？对此，有心理学家提出以下几点建议：

一是理清自己与他人的关系。在人际交往中，如果理不清他人与自己的关系，只会导致无效沟通。而舒适、有效的沟通，首先就要理清双方的关系。所谓的理清关系就是要明白自己所处的位置，知道自己应该说什么样的话。比如，与自己有血缘关系的人说一些亲密的话；与自己是同学、室友等学缘关系的人说一些学校的事情；与同事、领导等工作关系的人则说一些工作上的事情。如果不讲分寸、说话口无遮拦，则是无效社交，也就是越界了。

二是管好自己的嘴巴。有专家表示，社交雷区和忌讳之一就是交浅言深，它会让我们的隐私和秘密不适当地公之于众，因为在我们向他人说出这些秘密后，对方有可能会四下传播。因此，我们管不住他人的嘴巴，就要管好自己的嘴巴。有一句话说得好："话说出口之前，你是它的主人；说出口之后，你就是它的奴隶。"

三是深入了解之后再说亲密的话语。有专家指出，在人际交往中，由于彼此不了解，交情很浅时就说一些亲密的话，往往会迈入社交的雷区。所以，当彼此加深了解，交情深厚了，再讲一些亲密的话也不迟。

【蔡康永的建议】

著名主持人蔡康永建议，有两方面的话题最好不要提及：一是他人有苦衷且不便与不熟悉人的说的，如财务和情感状况、患何种病等；二是他人有强硬的立场，谈论起来易发生争执，如宗教信仰、喜爱的明星或球队等。

爱向他人吹嘘自己

方俊是一所名校的大学生，毕业前夕他在一家报社实习。初入报社，他做事非常认真，每天都早早来上班，下班也走得比较晚。当其他同事问他为什么这样时，他谦虚地回答道："我是一个新人，要学习的地方还有很多，所以要多用些时间来向你们学习。"因此，很多同事都喜欢他，对他评价也不错，都说他："虽然出身于名校，却如此谦虚，真的很难得。"所以他们也愿意主动帮助他。可没过多久，方俊却发生了很大的变化，这源于他的稿子上了各大媒体的头条。

有一天，领导让方俊写一篇关于雾霾的报道。于是，方俊很认真地搜集了各种资料，而且有些同事也主动帮忙为他找了一些案例和资料。这篇报道写完之后，领导看后非常满意，在会议上好好将其表扬了一番，没过多久，方俊所写的那篇稿子就被其他媒体转载，并上了一些媒体平台的头条。领导得知这一消息后，不仅再次对他进行了表扬，还在报社的一个小刊物上为其开辟了一个版块，让他发表自己的文章。

之后，方俊变得愈发高调起来，再没有之前的谦虚，还经常吹嘘自己是报社的中流砥柱，没有他写的报道，报社的某些刊物销量是很难上去的。不仅如此，他言谈中还对一些资深的编辑有些不敬，这让同事们由原来对他的喜欢变成了厌恶，而且也不愿与其交往。可方俊却不以为意，认为自己这么有才能，本来就不需要与他人为伍，所以他在报社里变得越来越趾高气扬。

有一次，领导催他尽快交稿时，他却说："我现在还没有灵感，写不出来，过两天再给你发过去。"这让领导听了有些反感，因为他很讨厌下属与他对话不说敬语，而且他也对方俊的四处吹嘘和炫耀很不喜欢。后来，由于方俊几次三番拖稿，影响报社刊物的印发，最终领导以工作不认真为由，在方俊实习期没有结束时就让他离开了报社。

在日常生活中，我们总是会遇到像方俊那样的人：喜欢在他人面前吹嘘和炫耀自己的得意之事，以为这样会让其他人高看自己，并让他人对自己肃然起敬。殊不知，很多人并不愿意听他们的得意之举，而且有时候自己得意的事情会让他人感到有嘲笑之意，还会让对方产生一种被比下去的感觉。特别是在失意者面前，如果不停地炫耀自己的得意之处，会让对方非常恼火，甚至相当厌恶。

有心理学家指出，四处向他人炫耀、吹嘘自己，其实是一种浅薄、缺乏修养的表现。在人际交往中，这种行为只会造成无效社交，导致人际关系受损。

不恰当的炫耀会在不经意间刺痛他人。有的人总是喜欢在朋友或是同事面前炫耀自己的能力，以彰显自己多么与众不同。但这种行为只会导致无效社交，也就是人际交往失败，而且会让自己失去更多的机会，同时，还在不经意间刺痛了他人。因此，专家建议，如果想要沟通更有效，要把自己的能力放在心里，而不是放在嘴上，更不要将其当作炫耀的资本。

比如，小王是英语专业毕业的，他不仅成绩非常棒，而且英语口语也说得很好。毕业之后，他进入一家不错的公司，可这家公司并不需要经常说英语，但小王为了炫耀自己的专业能力，与上司谈话时他也不时地冒出几句英语。这让上司非常尴尬，因为上司的英语很不好，根本听不懂小王在说什么，之后他就不愿再与小王谈话。

过于吹嘘的人会让人感到不可信。心理学家表示，在人际交往中，贵在讲信用，如果自己办不到的事情还胡乱吹嘘和卖弄，只会让他人产生一种不可信的印象，从而造成社交受阻。

比如，小李总是喜欢在朋友面前说大话，说自己有多么大的能耐，只要朋友开口，他一定能帮其搞定某件事。有一次，朋友结婚让他帮忙借几辆婚车，可到了最后他只借到了一辆。最后，朋友只好自己向婚介公司租车。之后，朋友再也不相信他所说的话了，认为他太华而不实了。

不过，有的人却认为，自己才华横溢，不向他人炫耀，其他人怎么知道自己有多大的能耐？这不是在压抑个性自由发展吗？对此，有专家表示，适时地收敛锋芒恰恰是保护个性健康发展。俗话说："枪打出头鸟。"很多人都是因为年轻气盛，喜欢出风头、四处吹嘘和炫耀而碰壁，最终挫伤了自己的锐气，导致一事无成。

比如，某公司在招聘市场销售人员时，有一个应聘者在面试时声称自己人脉非常广，曾与某企业老总吃过饭、合过影，还认识当地的市长秘书等。可是，面试官并没有录取他，他们认为这名应聘者太能吹嘘，即使他的人脉再广，也不敢贸然录取对方。

因此，个人的锋芒应该在关键的时候展露出来。俗话说得好："好钢用在刀刃上。"此时，众人才会承认我们确实是一把锋利的宝刀。如果时不时将其拿出来显摆一番，只会让他人心生反感。

那么，在人际交往中，如何才能改掉乱吹嘘、炫耀的坏毛病呢？对此，有专家提出以下几点建议：

一是不要过于骄傲自满。尤其是在职场中，如果总是高调地炫耀自己的才能，只会让他人不满和反感。即使受到领导的称赞，也不要过于高调，更不要骄傲自满，这样才不会给自己招来太多的麻烦，而是在低调做事的同时，适时展现出自己的才能。

二是让对方说出他们的得意之事。专家建议，当与朋友或是同事闲聊时，不妨让对方说出他们的得意之处，并与其分享，这样彼此的关系就会更加融洽，也就不会导致无效社交。另外，在社交场合中，我们也可以适时地提及他人的得意之处，让对方对我们产生好感，从而拉近彼此的距离。

三是懂得利益分享。在人际交往中，很多成功人士都懂得利益分享，即让跟随自己的人获得一些实惠，才会让他们更愿意追随自己。其实，这就是不要锋芒毕露的理念的体现。比如，当我们遇到一个大项目时，仅凭自己的能力完成它虽然尚有一些余力，但也要学会拉拢其他人，以展现自己的气度，并向他人表示，自己并不是那种独享利益的人。这种处世原则，才会让人的事业更加顺风顺水。

【动物世界的捕猎策略】

有些动物在追捕猎物时会有这样的表现：雄鹰在站立时好像快

要睡着了似的，而老虎在行走时看起来也是懒懒散散的，好像生了一场大病。其实，正是这种不显露自己实力的伪装才能让它们更快地捕获猎物。因此，聪明的人在社交中就要学会不炫耀、不吹嘘自己，这样才能做出一番成绩。

一味付出不求回报

张芸与史萌是同宿舍的舍友，两个人经常一起上下课，关系很不错。最近，史萌正在忙着参加某个比赛，经常在图书馆查阅各种资料。热心的张芸每次去看书时便会主动帮她带饭，以让其全身心地做好准备。

起初，史萌对张芸非常感激，并对她说："如果我比赛夺冠了，肯定要好好谢谢你，并请你大吃一顿。"张芸则是笑笑说："没什么，这只是举手之劳。"可时间久了，史萌渐渐将张芸的付出当成理所当然的事情，也不再对其说一些感谢之类的话。

有一次，张芸因为身体不舒服在宿舍休息，就没有给史萌带饭。史萌左等右等不见张芸，心中有些不满，她心气不顺地打电话质问张芸："我在图书馆等你好久了，你怎么还没有给我带饭呢？快把我饿死了。"张芸有气无力地说："我今天身体有些舒服，不去图书馆了，你自己买饭吃吧。"史萌听了不仅不过问张芸的身体状况，反而更加不满地说道："那你怎么也不提前跟我说一声啊，让我空等了这么久，现在还饿着肚子。"

张芸听了心里非常委屈，同时也感到很失望，明明自己一直都在好心帮助史萌，对方不仅不感恩她的付出，反而认为是理所当然的事情，竟然还用这种态度对自己。张芸听了史萌的抱怨和不满后，也不想辩解什么，很无奈地挂断了电话。

后来，张芸与史萌的关系变得越来越疏远，两个人再也不一起上下课、一起去图书馆看书了。而史萌参加比赛获奖后也没有请张芸吃大餐，更没有专门答谢她那段时间的照顾。当有的同学问史萌"为何不请张芸吃饭"时，史萌却回答"她不够格"。

俗话说："一碗米养一个恩人，一斗米养一个仇人。"这句话很有道理，当一个人在饥饿时给他一碗米，他会感恩戴德；可如果每天都给他一碗米，忽然哪一天没有给，便会招来对方的不满，甚至心存怨恨。因为对那个人来说，他认为我们的付出是理所当然的，已经习惯我们的照顾，如果照顾不到，就会心存抱怨。

因此，心理学家表示，与人交往时非常忌讳的就是一味地付出，久而久之，就会导致无效社交的结果。比如上文中的张芸正是如此，才让同学史萌认为她的付出是理所当然的，一旦没有获得对方的帮助，就会产生诸多的不满和抱怨。

在感情、婚姻上也是如此。有些情侣在吵架时常常会说出"是不是我越对你好，你就越嚣张、越不在乎啊"之类的话；很多夫妻在结婚后，感情会变得越来越淡，主要的原因就是不把对方的付出当回事儿。心理学家表示，正是一个人将另一个人的付出看作是理所当然的，对爱人的牺牲和奉献熟视无睹，甚至反应冷漠，从而导致感情、婚姻出现了危机，甚至造成分手、离婚的结果。

另外，如果一味地付出、不求回报，还会将亲情透支掉。比如，前段时间热播的电视剧《欢乐颂》，剧中的樊胜美就是对父母的要求有求必应，不仅出钱给父母买房、看病，还为哥哥一家操心、出力，简直就是这个家的"救火队长"。可她如此一味地付出，却换来家人的视而不见和冷漠对待，父母和哥哥一家不仅不知感恩，反而无休止地索取，最后逼得她四处借钱。最后，哥哥因为房子的问题而到她的公司大闹，才让其一改往日的逆来顺受，与哥哥大吵一架。

因此，有心理学家认为，在人际交往中，真正成熟的感情需要的是双方共同的付出和经营，不能将他人的善意当成是理所当然的，不管是友情、爱情、亲情，只有真正交心，体贴关心对方，才会让彼此的关系更融洽。

可在社交场合中，有些人总是会犯这种错误：一味地付出，将好事都做尽，认为这样才能获得他人的认可，才能让彼此相处得更加融洽。其实不然，有专家指出，人际交往本质上就是一种社会交换，这种交换就像是市场上的商品交换，所遵循的原则是相同的，即人们都希望自己在交往中所获得的不能少于付出的，两者要保持基本平衡，如果获得的过分多（少）于付出的，都会导致心理失衡。

所以在人际交往中，不能只是一味地付出不求回报，这只会让彼此的心理失衡。要想维护好人际关系，不让无效社交耽误我们，就要懂得做事留有余地，不能将好事全部做尽，这是平衡人际关系的重要社交准则。那么，我们应该如何做呢？对此，有心理学家提出以下几点建议：

一是不要过度"投资"感情。心理学家表示，如果想要维持好人际关系，在帮助他人的同时也要给予对方一个回报的机会，从而不至于让对方由于内心的压力而疏远彼此的关系，或是不要让他人认为自己的付出是一种理所当然。感情"投资"过度的话，有时候会让人内心感到窒息或是形成一种心安理得享受的习惯。所以，做好事要留有一些余地，才能让彼此更好地相处。

二是及时梳理自己的单边人际关系。所谓的单边人际关系分为两种，一种是自己过多地付出，却没有得到自己所期望的回报，就会心存不满地想：我为对方做了这么多，他／她竟然一点都不感动，也不对我心存感激；另一种则是认为对方的付出已经超过了自己的承受范围，无法给予他人所希望的回报，就会心存不安：他／她对我太好了，我感到很有压力，不知该如何回报对方。

如果这种感觉让我们感到很不满或是很不安，则需要提醒自己及时梳理个人的单边人际关系了，不要让自己再做无效社交了。

三是调整自己在社交中的态度和行为。心理学家表示，在人际交往中，如果想要增加满足自己所需的概率，也要尽量给对方所需的。其实，不管在何种人际关系中，双方的诉求都会有所不同，不能想当然地认为朋友、同事、亲人等的所需、所想都与自己是相同的。所以，不妨直截了当地表达自己的感受和诉求，以让双方更加坦然地相处。如果当面交流不方便，可以写信或是发短信等，用温和的方式一起探讨彼此的需求。

总是习惯以己度人

春秋时期，有一年，齐国连续下了三天的雪，连续不断的大雪导致很多人都无法出门做事，从而让众多百姓陷入了饥寒交迫之中。齐国大夫晏子深知这种天气会对百姓生活造成很大的影响，导致他们陷入疾苦中。于是，他便去王宫面见齐景公。

当他到了王宫时却见齐景公穿着厚厚的狐腋皮袍，身边还有烧得暖烘烘的火炉，正在窗边悠闲地观赏着风景。齐景公见到晏子时，将其唤到身边，对他说："大夫，你看这雪已经下了三天，但我却一点都感觉不到冷，是不是快到春暖的时候了。"晏子看了看齐景公暖和的皮袍，有意地反问道："国君，您真的不感觉冷吗？"齐景公没有看晏子，望着窗外的雪点了点头。

晏子知道齐景公并没有明白自己话中的意思，就直接对他说："臣听闻古代贤德的国君即使自己吃得很饱，但却知道百姓遭受的饥饿；即使自己穿得很暖和，但却知道百姓所受到的寒冷；即使自己身在安逸的环境中，但却明白百姓的疾苦。作为君主的您，怎么却不了解呢？"

齐景公听完，顿时明白了晏子所说的话，随后，他让人开仓赈济正在饥寒交迫的百姓们。

身为齐国的国君，当百姓在连绵不断的大雪天气中遭受疾苦时，他却悠然地将大雪看作美景，而毫不关心自己子民的感受。这是因为他习惯地以己度人，不懂得站在对方的立场上来体会对方的感受，不懂得为他人着想。而晏子却能够站在百姓的角度来考虑他们所受的灾难，自然很容易说服齐景公体恤天下的黎民百姓。

"以己度人"一词出自汉·韩婴《韩诗外传》，意思是用自己的心思来衡量或是揣度他人。心理学家指出，以己度人其实就是一种投射效应，是指将自己的感情、意志、想法投射到他人身上，并强加于对方，即"推己及人"的认知障碍。

心理学家罗斯曾做过这样的实验：他邀请80名大学生作为实验对象，问他们是否愿意背着一块大牌子在校园中走动。结果，有48名大学生愿意背着牌子在校园中走动，并且认为大部分学生都会乐意那样做；而拒绝背牌子的学生则认为，只有少数学生愿意那样做。可见，这些参与实验的学生都是将自己的态度投射到其他学生身上。

心理学家表示，投射是一种无形的、存在于个体潜意识中的心理活动。在外部现实中，人们会寻找一个与自己类似的对象，然后将自己的心理活动投射到这个合适的对象中去。一般来说，投射并不是有意识的，而是投射的主体潜意识的心理活动。

在日常生活中，由于同处于一个社会环境中，具有相同的生活经历等因素，让很多人有了共性，所以有的人就会产生投射效应。但是人与人之间毕竟存在个体差异，如果任由自己陷入投射效应的掌握中，就会产生误解，进而影响人际关系。俗话说得好："吾之熊掌，尔之砒霜。"我们喜欢的，不一定就是他人喜欢的，可能是对方相当厌恶的。

如果投射效应过于严重，习惯以己度人，就会造成无效社交，导致人际交往受挫。

东汉时期，华佗的医术相当高明，凡是他医治过的病人都能痊愈，这引起了朝廷的注意，尤其是一位名叫高顺的官员，他也因为患病而被华佗治好。因此，他深表感恩，还私下里找人让华佗做太尉府的官员。

有一天，他拿着太尉府的征辟信去找华佗说："你在民间行医这么多年，如此辛苦。如今我凭借关系让你做官，你可以享受荣华富贵了，这可是我梦寐以求的啊。"华佗听了，微笑着对高顺说："你所追求的并不是我所需要的，我的喜好是治病救人，不喜欢周旋于官场。如果我真的做了官，那么民间就少了一位治病救人的医生，而官场中则多了一个碌碌无为的庸才，这并不是什么好事吧！"

说完，华佗便径直离开了。高顺见此，只好作罢，以后再也不敢在华佗面前提当官的事。

高顺按照自己的想法揣测华佗也喜欢做官，却根本不考虑对方的价值观，这就是以己度人，出力不讨好。在人际交往中，如果我们总是以自己的喜好和意愿来猜度他人的心思，结果只会给自己找难堪，自然就会让自己陷入无效社交中。

因此，在社交场合中，如果我们不想落入"以己度人"的窠臼中，不想被投射效应误导，在与人沟通的过程中陷入被动的境地，就要小心"以己度人"的倾向。那么，我们应该如何做呢？对此，有专家提出以下几点建议：

一是学会换位思考。在人际交往中，只有学会换位思考，跳出自己的狭隘立场，才能站在对方的角度去看待对方的言行，才能多一些对他人的理解和欣赏。正如美国汽车大王亨利·福特所说："如果成功有秘诀的话，那就是站在对方的立场来考虑问题。"

在日常生活中，当我们遭到他人的误解，往往是因为对方不知道我们的内心想法和行为习惯，这同时也提醒我们，不要轻易给他人下定义，更不要以自己的标准来衡量对方。只有学会了换位思考，设身处地理解对方，才会赢得他人对我们的好感，才能让沟通变得更加顺畅，更加高效。

二是不要对他人的事指手画脚。想要做到不以己度人，不让自己陷入投射效应中，就要学会不对他人指手画脚，这是对他人最大的理解和尊重。有这么一句话："内心没有分别心，就是真正的苦行。"意思就是在人际交往中，我们要有一颗"分别心"，分清自己与他人的不同，保持应有的尊重，这才是人际交往所应遵循的原则，也是一个人有修养的表现。

三是懂得反省自己。在人际交往中，当我们陷入无效社交的状态中时，要反省自己是不是因为疏忽而先入为主地替他人做了决定，是不是以自我为中心想当然地对他人做出判断，是不是因为自私而忘记了体会他人的感受。只有懂得时刻反省自己，才能让自己不落入"以己度人"的窠臼中，才不会陷入投射效应的圈套，更好地与他人沟通、交流。

负能量"携带者"

郑馨在某公司做行政工作已经两年多了，一直以来，她对待工作都很认真，可最近她却感到异常烦闷和闹心，而且常常会抱怨连连。因为每次她正在做某项工作时，领导就会随意给她安排其他任务，不管她手上的事情是否紧急，这让郑馨感到工作有些杂乱无章，每天都被各种事情烦心。久而久之，郑馨不管在工作上还是生活中都是牢骚满腹，常常向他人抱怨不已。

有一次，当她正在做事时，领导突然交给她一个任务，声称这件事情比较紧急，让她立刻着手去做。可是，郑馨手上的事情也是昨天领导安排的，要求今天下班之前做完。这让她有些不满，在领导离开后，她不禁向坐在身边的一位同事抱怨道："我又没有三头六臂，每件事情都说很紧急，我怎么能忙得过来呢？只是一味地分配任务，却不给涨薪水，让人怎么有动力做下去呢？"

其实，那位同事早就听够她的抱怨了，每次听到她的抱怨，自己的情绪也会受到影响，对工作心存不满。所以为了避免受到郑馨的抱怨的影响，她只好敷衍着点了点头。

可郑馨却丝毫没有觉察到对方已经不耐烦了，依然在那里抱怨连连。后来，同事只好借故离开，她才停下来做工作。可是，在做事的过程中，她依然难消心中的烦闷，将不满的情绪都发泄在身边的物品上：狠狠地摔着鼠标、将文件砸在桌子上……

不仅如此，郑馨还将这种负能量带回家。每次回家她都会对着老公抱怨道："这份工作真是做得太辛苦了，薪水还这么低，真不想做了。"当老公建议她另外找一份工作时，她又称"哪能找到称心如意的工作"。老公听后很无奈地回房间了，不想再与她讨论。

久而久之，郑馨的同事都不愿与其有过多的交往，而家人则是听到她的抱怨就会借故做其他事情。

在现如今的社会中，由于竞争压力日益上升，很多人内心都装满了负面情绪的垃圾：烦闷、不满、抱怨、沮丧等。随着这种负面情绪垃圾的不断堆积，而又找不到排遣的方式，就会让其汇聚成强大的负能量。在日常生活中，最常见的负能量表现就是抱怨工作薪酬低、同事和领导不好相处、生活环境太差、人生不如意等，从而怨天尤人。如果长时间如此，不仅会影响自己的身心健康，还会造成人际交往的困境，也就是无效社交，影响我们的人际关系。

心理学家表示，负能量往往来源于两个方面：一个是源于自己，即自我产生的；另一个则是源于他人，即周围的环境，人为的和非人为的因素造成的，比如意外、灾害等对人的伤害。不过，不管是源于自我的还是环境的负能量，最终还是落实到我们自己身上。

比如，上文的郑馨向同事、家人发泄自己心中的不满，她就是负能量的传播者，而对她的同事和家人而言，他们在听的过程中也会产生负能量。因为人收到负面的信息时，会受其感染和影响，情绪也会变得非常低落。

一般来说，抱怨、不满、垂头丧气、唉声叹气、对人对事心存偏见、传播流言蜚语、随意宣泄自己的愤恨等都是负能量的表现，如果我们改不掉这些不良的习惯，只会让周围的人疏远我们。如同鲁迅笔下的祥林嫂，总是将自己的不幸向他人诉说。心理学家表示，负能量有时候比雾霾还严重，甚至会影响他人一天的好心情。对于他人来说，是没有义务接受这种负能量污染的。而且，抱怨暴露的是我们自身的无能与无助。

比如，如果抱怨男友没有本事，其实表明我们自己没有本事，明知道对方没有本事，为何还要选择其做男友呢；如果对女友的矫揉造作表示不满，则表明我们自己也很做作，因为我们就是喜欢这样的女生才让其做女友的；如果我们天天骂下属很无能，则表明我们就是无能的制造者。

所以在社交场合中，与什么样的人在一起，我们就会拥有什么样的人生。正如霍金所说："如果你患有残疾，这也许不是你的错，但抱怨社会，或是指望他人的怜悯，毫无益处。一个人要有积极的态度，要最大限度地利用现有条件。"

因此，我们不要成为负能量的"携带者"，有意识地避开那些负能量，多让自己与正能量的人相处。著名主持人蔡康永曾说："小 S 是一个很好玩的人，她个性本身就是很乐观，很有活力，这个朋友让我觉得活着是一件很值得、很舒服、很有趣的事。有的人会让我觉得活着很没劲，碰到他会将我的能量都吸走。"的确，这就是与拥有正能量和负能量的朋友相交的不同感觉。那么，如何才能摆脱负能量呢？

如何才能让自己充满正能量呢？有专家提出以下几点建议：

一是远离负能量"携带者"。心理学家表示，在人际交往中，人们很容易受到环境的影响，特别是心态和情绪。在我们周围可能就会存在这样的人：虽然他为人不错，但遇到某些事情时却总是看到消极的一面，并在那里不停地抱怨，产生悲观、绝望的想法。如果我们长时间与这类人相处，只会感到情绪低落、心情暗淡，所以，想要自己内心阳光明媚，就要尽快远离这种人。

二是学会原谅和宽恕他人。在人际交往中，如果我们总是锱铢必较，不懂得原谅和宽恕他人，就像是"自己喝着毒药而希望别人去死"。当我们对他人心存抱怨时，就会认为这是他人的责任。可是，不断地抱怨只会强化"自己是一个受害者"的认识，但即使自己是一个受害者也解决不了任何问题。因此，专家建议，不妨试着原谅和宽恕他人，所谓的原谅并不是意味着他人是对的，而是让自己明白，不要拿他人的错误来惩罚自己。

三是发现事物积极的一面。众所周知，事物都有正反两面，为何我们只看到消极的一面，而不善于发现积极的一面呢？对此，专家建议，在日常生活中，不妨每天或是每周写下几件让我们开心、愉快的事情。长此以往，我们会发现正能量在慢慢充盈自己，内心也会变得阳光起来。

四是通过适量的运动来释放负能量。有专家表示，负能量会沉淀为一些没有释放出去的激素储存在身体里，而运动则能加速其分解和释放，让我们内心变得快乐起来。因此，当感到自己负能量爆棚时，不妨通过适量的运动来释放它们，比如散步、游泳、瑜伽等。

五是学会冥想。心理学家表示，冥想会让身心感到愉悦，并且能快速提升正能量，这是一种摆脱负能量的有效方式。比如每天早上起床后或是在上班前都花几分钟来冥想，让自己的心静下来，以摆脱那些不满、焦虑等情绪负能量，将愉快、乐观等正能量激发出来。

过河拆桥众叛亲离

朱越是某公司的一名新成员，初入公司，他为人相当谦虚，总是称呼老员工为"前辈"；当其他人给予他帮助时，他也是深表感激。所以，很多同事都比较喜欢他。由于他的头脑比较灵活，做事上手也快，而且在众人的帮助下，他在工作中表现得越来越出色，也深得领导的青睐。在公司做了一年，他就成了部门经理。

最近，公司有两个出国深造的名额。这个机会是相当难得的，也是一个升迁的好机会。因为这就意味着回国之后会受到重用，朱越深谙其中的道理。所以，为了争取这个名额，他煞费苦心：先去领导那里诚恳地表示自己想去的意愿，并且表示自己在深造后必定能为公司做出更大的成绩；接着他又开始游说一些与他关系不错的同事，并私下里请大家吃饭，希望他们能够支持自己。

结果，朱越如愿以偿地获得了出国深造的机会，这让他欣喜万分。当公司将出国深造的名单报到总部后，朱越的态度却来了180度大转弯，他认为自己在深造后必然会到公司总部任职，没有必要在这里屈就了。所以他变得不可一世，总是流露出自己高人一等的姿态，对以往帮助他的同事爱搭不理，对领导也有些不敬。

大家看到朱越的巨大转变都感到心寒，为他过河拆桥的行径而气愤。之后，很多同事也不再与其交往，可朱越却一副无所谓的样子，想着自己反正也不会再与他们共事。

可是，在朱越出国深造期间，总部派人前来调查朱越在分公司的表现和人品，当得知他过河拆桥的事情后大为不满，所以，朱越在国外深造完之后并没有按照预想进入总部工作，而是被留在了分公司。不过，由于大家对他过河拆桥的行径不齿，都不愿搭理他，更不愿与他合作。导致朱越在公司中举步维艰，工作很难开展下去。

过河拆桥，出自元剧《李逵负荆》第三折："你休得顺水推船，偏不许我过河拆桥。"意思是在自己过了河后就直接将桥拆掉，如今用来比喻当某些人达到目的后，就会将之前帮助过他的人一脚踢开。

上文的朱越在领导和同事的帮助下获得了难得的出国深造机会，他本来应该对大家心存感激，但他却以为自己在深造后就能平步青云，便将其他人对自己的帮助抛之脑后，对众人也一改往日谦虚、热情的态度，变得非常傲慢、冷漠，从而让大家对其行径感到心寒。但结果并没有像朱越预想的那样去总公司就职，他的人际关系反而因为他的过河拆桥而遭到破坏，导致他在工作中陷入非常被动的状态，可谓人际关系经营失败。可见，过河拆桥是一种具有破坏性的无效社交行为。

在人际交往中，有些人一旦通过他人的帮助达到某种目的后，就会立刻表现出"过河拆桥"的面目，将那些帮助过自己的人抛诸脑后。可是，当他们在人生的道路上再次遇到困难时，却再也找不到可以帮助其渡过难关的人，结果往往让其后悔不已。

美国 NBA 篮球巨星奥尼尔罚球的命中率一向很低，为了提高他的罚球命中率，其经纪人特意请来帕卢·比斯卡斯陪奥尼尔练球。帕卢曾经参加过罚球比赛，创下了连续罚中 523 球的纪录。

帕卢来陪奥尼尔练球时相当认真，有时候一连几个小时都陪着练习。只要奥尼尔一通电话，他就会立刻赶到训练场。有一次，在凌晨三点接到奥尼尔的电话时，他直接赶了过去，而且没有一句抱怨的话。经过一段时间的艰苦训练，奥尼尔的罚球命中率得到了很大的提升，有时候将眼睛蒙上也能达到 70% 的命中率。在一次比赛中，他罚了 13 个球，竟然全部投中。

这让奥尼尔感到自己的罚球技术相当完美了，便直接将帕卢炒掉了，他认为罚球技术自己已经全部学会了，帕卢对他来说已经没有什么价值了。而当帕卢被炒后，他直言，这种过河拆桥的事情他见得多了，但他指出奥尼尔在篮球场上情绪易发生波动，所以他的罚球命中率也会受到影响。果不其然，在之后的一场比赛中，奥尼尔的罚球命中率跌入谷底，让他的教练和球迷对他指责不已。

奥尼尔在帕卢的指导和帮助下，罚球的命中率才会不断地提高。可是，当他感到自己的能力得到提升后，不但没有对帕卢表示感谢，反而认为自己不再需要帕卢的帮助，更不顾对方的感受，直接过河拆桥，将其炒掉。殊不知，他的这种行为不仅导致自己的罚球命中率不断下降，事业也从高峰跌入了低谷，同时，他的人格魅力大打折扣。

有句古话说得好："施恩图报非君子，有恩不报是小人。"因此，不管我们取得多大的成就，不管我们做出多么辉煌的成绩，都不能对曾帮助我们的人过河拆桥，而是要心存感激，知恩图报，才不会成为遭人唾弃的忘恩负义之流，给自己的人际关系带来负面影响。

春秋时期，晋国的重臣赵盾在外出打猎时看到一个骨瘦如柴的人，而且看起来病恹恹的，于是他便上前询问对方的身体状况。对方回答道："我已经好几天没有吃东西了，所以连走路的力气都没有了。"赵盾听后便将自己的食物送给他，可他发现对方只是吃了一半，另一半却收了起来。

赵盾不解地问："你都这么多天没有吃东西了，为何不吃完了？"对方回答道："我已经离家好几年了，不知道家中的老母亲是否还活着。现在我正往家里赶，过不了多久就要到了，所以我想将食物留下送给母亲。"赵盾让他将食物都吃完，自己又给他准备了一些饭菜，以让其带给他的老母亲。

后来，昏君晋灵公派人刺杀赵盾，正在危急时刻，一名武士赶来搭救赵盾，使他得以脱险。当赵盾问他为何要救自己时，他回答道："当初要不是您赐予我食物，我可能活不到今天，今日特意来报恩的。"当赵盾再问他其他状况时，对方却没有再说什么，便告退了。后来，赵盾得知他的名字叫灵辄，是个有名的侠士。

因此，在人际交往中，我们不能在得到他人的帮助后就过河拆桥、卸磨杀驴，而是要知恩图报，才能更好地维护自己的人际关系，才能实现成功、高效的人际交往和沟通。

不恰当地恭维他人

李菲刚刚进入一家公司，为了能够与领导、同事更好地相处，她认为只要对他人多说一些恭维的话，对方听后心情愉悦，自然愿意与自己交往。所以，不管在什么场合，她总是喜欢过分地恭维他人。

在一次公司聚会上，当大家吃得正开心时，服务员端上来一盘鱼。当鱼刚刚放在桌上时，李菲便立刻将鱼眼夹了起来，送到女领导的餐盘中说："鱼眼能够明目，是鱼身上最为宝贵的东西，这么宝贵的东西应该让领导先吃。"那位领导听闻，眉头紧皱道："我向来不喜欢吃鱼眼。"李菲急忙夹起一块鱼肉，说道："不喜欢吃鱼眼没关系，那您多吃点鱼肉吧。鱼肉含有丰富的蛋白质，对皮肤也是相当好，能够美容养颜，让您青春永驻。"

那位女领导听了，眼角含笑。李菲见此，极力恭维道："其实，您根本都不用保养，您瞧您的皮肤这么紧致，满脸的胶原蛋白，看着就非常年轻，看上去最多也就是三四十多岁。"领导听了，面露不悦，其实，她真实的年龄是35岁，但李菲的恭维却让她听了很别扭。可李菲却没有注意这一点，还在那里不断地恭维着，这让领导听了越来越感到心烦。最后，领导只好用另一个话题结束了李菲的恭维。

还有一次，当女领导穿着一身连衣裙进电梯时，正好李菲也在电梯中，她给领导打完招呼后，就立刻恭维道："领导，您今天这件衣服真是漂亮啊，穿在您身上立刻显得您的气质与众不同，这种衣服我就穿不出来，因为我只适合一些有活力的衣服。"领导一听，顿时不乐意了，这意思是说自己没有活力吗？穿着显得老气吗？走出电梯，她懒得再搭理李菲，快速地走向办公室。

之后，这位女领导再在其他场合遇到李菲时，都对她没有好脸色。而李菲却不解：为何自己这么用力地恭维他人，却得不到对方的喜欢呢？

在人际交往中，每个人都喜欢听恭维、奉承的话，但如果过分恭维，溜须拍马过了头，非但不能获得他人的好感，反而会让对方很生气，甚至心生厌恶之感。上文的李菲就是在恭维他人时掌握不好分寸，过分地恭维对方，才让领导内心不悦，甚至有些厌恶，从而导致领导越来越不喜欢搭理她。

俗语有云："过分恭维别人，便是贱卖自己的人格。"因此，恭维要掌握好分寸，不能将恭维变成了阿谀奉承、溜须拍马，结果自然是无效社交，沟通失败。

在社交场合中，如果恭维之词过于直白，只会让人对这种行为嗤之以鼻。正如孔子所言："巧言令色，鲜矣仁。"所以，喜欢过分恭维他人的人非但不能拓展自己的人际关系，还会让人避而远之。有心理学家指出，在人际交往中，那些喜欢大讲特讲谄媚之词的人，大多有一种投机心理，他们往往自信不足而自卑有余，无法通过名正言顺的方式表现自己的能力，来获得他人的赏识，就会采取一种投机取巧的方式——过分恭维或是谄媚。

但是，在人际交往中，如果想要彼此的关系更加融洽，想要获得他人的好感和信任，就要懂得适时、适度地对他人说一些恭维的话。

孙露是一名行政助理，时常会跟着女上司外出。由于她懂得适当地恭维对方，所以，上司有时候去逛商场也会拉着她。有一天下班时，上司想去商场买衣服，便让孙露与她一起去。到了商场，女上司看中了两件衣服，但她试穿了半天都拿不定主意。孙露见此恭维道："您的身材真不错啊，两件衣服穿在您的身上都挺漂亮的，而且看起来更加有活力。"上司听后喜形于色，将两件衣服都买下了。

后来，两个人逛了一段时间有些累了，上司叹气道："不服老不行啊，你瞧，就逛这么一会儿，我就有些累了。"孙露恭维道："哪里啊，您看上去哪里老了，像个小姑娘似的。"女上司听了，一扫疲惫的面容，兴致勃勃地往前走。之后，上司愈发喜欢和信任孙露了。

美国前国务卿基辛格是最擅长恭维的，他曾说："你必须非常敏锐，因为大部分国家领袖都是非常敏锐的。他们不容易被人操纵，却要操纵别人。你得运用你的智慧，去对付一个高度智慧的人，还要使他马上感到你的诚意和认真。最后，必须增加他的信心。"

那么，如何恰当地恭维他人呢？如何才能给他人戴好"高帽"呢？对此，有心理学家提出以下几点建议：

一是不可随意恭维他人。如果我们对他人不了解，最好不要随意恭维他人，因为有的人可能不喜欢他人给自己戴"高帽"。"高帽"如同是美丽的谎言，如果过分恭维就会让人感到有些离谱，甚至感到心烦。因此，想要他人乐于接受，就要先对他人加深了解，善于动脑筋，才能将"高帽"戴得更稳。

二是恭维的话要说得自然。在人际交往中，恭维的话要说得坦诚、得体、自然，才会让人更易接受，也更能打动人心。比如，老何是一位很有经验的编辑，当他向作家约稿时，恭维对方说："你写稿不仅质量高，而且速度快，一个星期的时间就足够了。"

三是恭维要抓住他人身上的"闪光点"。适当地恭维他人并不是一件很容易的事情，如果我们想要给对方戴稳"高帽"，就要找到其优点和长处，然后进行适当的恭维，不仅不会显得庸俗，还会迅速拉近彼此的距离。比如，拿破仑一向对他人的奉承和过分恭维有些反感，很多士兵都知道他这一点。可一名士兵却对他说出"将军，您是最不喜欢听奉承话的，您真是位英明的人物"的恭维话，拿破仑听了之后，不仅没有批评他，反而心里感到非常舒服。

其实，这名士兵之所以能够成功地恭维拿破仑，是因为他摸清了对方的秉性，知道皇帝讨厌奉承的话，但他又非常聪明，能够准确地赞美对方的"闪光点"。

四是在他人背后恭维效果会更好。这是一种高明的恭维技巧，在他人背后恭维对方，不仅会让对方知道后非常高兴，而且会产生超过当面恭维的效果。因为这种恭维不会让人感到虚假，也不会质疑对方是否真诚。

比如，被称为"铁血宰相"的俾斯麦，为了拉拢一位对他有敌意的议员，改善他们之间的关系，他就在其他人面前对对方进行恭维。因为他知道这些人在听了这些恭维的话后会将它们传到那位议员的耳中。果不其然，那名议员听到这些恭维的话后，对俾斯麦的印象渐渐有所改观，之后更成为俾斯麦坚定的支持者。

五是恭维与他人有关的事情。其实，恭维与交情深浅没有太大的关系，即使关系比较疏远，如果恭维得恰当，不仅能让对方更好地接受，还可以拉近彼此的距离。特别是在初次见面时，这种方法是比较有效的。

比如，小吴与女朋友在逛街时遇到了女友的大学室友，女友很开心地与对方热聊起来。当女友介绍小吴时，小吴不知道该说什么好，他便恭维道："你佩戴的耳坠挺特别的，好像很少见。"对方听了，很开心地回应道："你真是太有眼光，这是我在国外旅行时买的。"而后，那个女生对小吴的女友说："你男友的眼光很利嘛，你竟有这么棒的男友。"小吴和女友听了都非常高兴。

喜欢与他人"抬杠"

周末，张瑶的同事约她一起看电影，因为最近正好有一部不错的电影正在上映。而张瑶向来喜欢看电影，就欣然前往了。可是，在看完电影之后，与同事谈论这部电影时却让张瑶心生不快，因为对方特别喜欢与她"抬杠"。

当她们两个人走出电影院时，张瑶随口说了一句："没想到这部电影没有我想象中的那么好看啊，浪费了两个小时，没有一点意义。"同事听了立刻反驳说："看电影就是一种消遣，干吗要在乎它有什么意义呢。其实，我感觉这部电影还可以吧，没有那么难看。"于是，张瑶只好说电影的其他方面："我认为这部电影的布景太宏大了，可能会浪费很多人力和物力。"同事听后马上说道："不会的，我认为那些布景都是电脑后期制作的，都是假的，哪里需要什么人工进行搭建啊。"

这让张瑶很无语，心想怎么自己说一句，同事就要顶一句呢？是不是故意在针对自己呢？她不想与同事争辩，便说："其实，这部电影的演员演技还不错的，只可惜剧本有限，没有充分发挥出他们的演技……"谁知，她还没有说完，同事就紧接着反驳道："这部电影的几个演员的演技太烂了，即使给他们再好的剧本，他们依然演不好的。"

此时，张瑶再也无心与同事讨论电影，本来打算看完电影一起逛街吃饭的，但她受不了对方那么喜欢抬杠。所以，还没有开始逛街，她就对同事编了一个"临时有事要回家"的借口，之后，她再也不愿与那位同事交往了。

在日常生活中，我们可能都有过像张瑶一样的经历，身边总有一些喜欢"抬杠"的人。无论我们说什么，这类人总是不分青红皂白地予以反驳；即使他们说的观点没有什么道理，但只要能够让对方哑口无言，他们就会进行针锋相对的辩论。这是一种非常可怕的交际习惯，是一种非常有杀伤力的无效社交行为。可是，有些人经常这样做，自己还浑然不知。

对此，有专家建议，在与人沟通时，不管他人的意见与我们是否相同，我们都要学会尊重对方，不要意气用事地与他人抬杠，这样才能让沟通更顺畅，实现有效社交。

那么，为何有的人在与人交谈时如此喜欢"抬杠"呢？对此，有心理学家总结出以下几点原因：

一是以自我为中心。在有些人眼中，他们总认为自己的想法是对的，当听到他人与自己不同的见解时就会不以为然，与人交谈时也就显得咄咄逼人。

二是有很强的控制欲。有些人在与人沟通交流时，喜欢控制他人的言行和想法，争夺话语权，享受在与人抬杠时让对方低头的过程，从而获得内心的满足。

三是内心比较自卑。有些人由于不自信，便会通过抬杠来取得言语上的胜利，希望能够赢得他人的关注和赞赏。

四是宣泄情绪。有些人由于生活或是工作中的各种琐事而导致不良的情绪郁结于心，所以就会通过抬杠将负面的情绪转嫁于他人，不管对方说什么，都会予以否定和反驳。

那么，在与人交往时如何才能避免与对方抬杠呢？如何才能让沟通更加顺畅呢？对此，有专家提出以下几点建议：

一是学会让他人先说。有些人在与人交谈时总以为要说服对方，就要掌握话语的主动权和控制权，别人还没有说话，他们就开始滔滔不绝或是与对方针锋相对。但是，这样往往会引起他人的反感，让别人不愿与其交往。比如，上文张瑶的同事就是如此，最后，不仅张瑶不与其来往，很多同事都不愿与其交谈。

因此，专家建议，在与人沟通时，不管是在家还是工作场合，都要学会让他人先说，这样不仅彰显我们的含蓄和谦逊，还能让对方感到开心，自然沟通起来更加顺畅。即使他人的意见与我们不相符，也不要处处与对方作对，而是学会适当地表达自己的意见，对不同的意见抱以宽容的态度，才能让沟通更高效，才能发展良好的人际关系。

二是为他人留有余地。有的人由于常常以自我为中心，所以总以为自己比他人高明，事事都要占据上风。对此，专家表示，这种态度在人际交往中是非常有害的，在沟通时要懂得为他人留有余地，轻松的谈话不必过于认真，更不能处处与对方抬杠，逼得对方无路可走。这样只会让大家疏远我们，从而导致无效社交的局面和人际关系的矛盾冲突。

比如，当同事提出某个意见，如果我们不能立刻表示赞同，也要表示可以考虑一下，而不是马上反驳；如果朋友与我们聊天，而我们总是与其针锋相对，就会让朋友离我们越来越远。

三是多与他人沟通，不要累积负面情绪。如果内心感到不悦，要懂得及时排解，不妨与自己亲近的人多沟通、交流，释放消极情绪，别让自己受到消极情绪的控制，更不要让不良的情绪累积起来。另外，积极参加各种有益身心的活动，用平和的心态看待问题，就不会因为自卑或是负面情绪的影响而破坏人际关系。

四是懂得求同存异。在人际沟通中，有的人总喜欢将自己的观点和想法强加于他人身上，直到对方同意自己的观点才罢休。对此，专家表示，这种做法在人际交往中不仅会破坏人际关系，还会导致社交受阻。不管是志同道合的朋友，还是非常恩爱的夫妻，在思想上都是存在差异的，我们应该在沟通中学会各抒己见，求同存异，这样才不会制造麻烦和不快。正如罗斯福所说："如果自己所确信的事，有75%的正确性，就应该觉得非常满意了。而75%也是最大的限度，不能再向上提高了。"

五是选择合适的交谈对象。有专家建议，如果在人际交往中，我们发现有的人喜欢处处与人抬杠、针锋相对，我们不妨远离这种人，转而选择合适的对象与其沟通、交流。因为只有选对合适的时机和地点以及交流对象，才会让沟通更加顺畅、高效。

【谈话的境界】

正如一位作家所描写的谈话境界那样："两个人谈天，就像一对齿轮在转动，能不能相互啮合，全看缘分。碰上好的谈话对象，一壶茶、一把瓜子，天南地北，痛快淋漓。你说出来的，他懂；你没有说出来的，他也懂。偶尔，一个眼神眼色，一个微笑，双方便能不约而同地说出同一句话来。哎，真是快活哪！"

停止无效社交，先学会拒绝

不管是在职场上还是在其他场合中，不要认为拒绝他人会让自己感到很不好意思。学会拒绝，勇敢地向他人说"不"，对自己有很大的帮助，不仅能够拒绝一些无理的要求，而且还能实现高效社交，避免无效社交，这才是正确的做法。

请勇敢地说出"不"

　　白勋在毕业之后找了好长一段时间，都没有找到称心如意的工作，最近，他终于被一家私人企业录取了，这让白勋非常开心，他暗自下决心一定要好好把握这次机会。

　　起初，白勋挺喜欢这份工作的，领导经常会让他写一些文案等，能够让他发挥其专业特长，因为在读大学时他学的是中文专业，而且平时也非常喜欢写东西。如果自己分内的工作忙完了，他还会帮领导和同事打印一些文件或是寄发快递等，这让白勋觉得挺充实的，也认为是理所当然的事情，所以他做起来感到很开心。

　　可时间久了，领导还会将一些杂活都交给白勋，不管他手上是否有工作。不仅如此，公司的其他同事，特别是一些老员工也会找他帮忙，让其帮自己做一些杂事，比如让他将文件送到其他部门等。这让白勋无法推脱，因为他毕竟是一名入职没多久的新员工，而且他也想与同事们处好关系。可总做这些琐事，他自己分内的工作进度就会受影响，当领导问起时，他一时语塞，因为他知道领导向来不喜欢听下属的各种说辞和解释，关键是要结果。

　　即使如此，白勋还是不懂得如何拒绝领导和其他同事的额外要求，依然会按照他们的吩咐去做。久而久之，白勋竟然连行政的工作也做了，每次开会时，其他同事都会让他先将会议室布置一下，并让其做会议记录。这让白勋非常郁闷：自己到底该不该拒绝领导或是其他同事的额外要求呢？应该如何与他们相处呢？

其实，白勋苦恼、郁闷的源头就是在职场上不会说"不"，不懂得如何拒绝。在职场上，这是一种非常普遍的现象，尤其是对于刚入职的新员工来说，他们常常认为自己只要听从领导或是其他同事的吩咐，就可以拉近彼此的关系，就能更好地开展工作。其实不然，如果在职场上不懂得拒绝他人，不敢说"不"，那么，不仅会造成无效社交的结果，还会像白勋那样面临诸多烦恼。

著名主持人杨澜曾说："懂得拒绝别人，也是一种能力。"虽然在职场中要对别人说"不"好像非常困难，所以很多人都宁愿自己吃点亏，也不愿去拒绝他人或是不好意思拒绝别人。不过，有心理学家表示，在人际交往中，我们一定要学会拒绝他人，也要尊重他人的拒绝。因为在职场中我们总会遇到各种各样的要求，但我们的精力是有限的，能力也是有限的。所以，我们应该学会拒绝。

那么，如何勇敢地说出"不"呢？如何拒绝他人，才会让对方容易接受呢？对此，有专家提出以下几点建议：

一是以自己能力不足为由拒绝。在职场上，当他人向我们请求帮忙时，如果我们无法帮助对方，在拒绝时就要将自己无力提供帮助的意思向请求者表达清楚，因为如果我们勉强接受的话，就会造成让彼此都难堪的后果。

比如，当他人请求的事情涉及某个方面，而自己在这方面又不是很擅长时，就要向请求者言明"这方面我不是很懂，可能需要你花时间和精力来教我，这反而给你添麻烦，也是在帮倒忙。可是，如果我勉强应承下来，由于我的能力不足而造成不好的后果，不仅让我感到不好意思，也会拖累你，让你承担这个过错"之类的话。对方听后立刻就会明白，与其花更多的时间和精力去教你，还不如自己完成，而且既能保质保量，又不会出现让自己担心的问题，自然不会再说请求帮助的话。

二是分清事情的主次，婉转拒绝。专家表示，在职场中，如果我们想与其他同事搞好关系，帮助他们做一些琐事也是无可厚非的，可当自己手中有工作要忙时，就要分清主次了，即必须以自己的本职工作为主，而对领导或是其他同事吩咐的临时工作则要勇敢地说"不"，可以对他人说"不好意思，我正在忙，有时间我再帮你"之类的话，婉转地拒绝对方。这不仅让他人觉得我们很有原则性，而且还会为自己的职场形象加分，同时，也能让自己与其他人更好地相处。

三是明确态度。在职场中，不管我们是否接受其他同事或是领导的要求和吩咐，都要明确自己的态度和立场。当遇到他人提出一些工作之外的请求时，我们完全没有必要勉强自己，而是适时地拒绝对方的要求。如果一味地迎合，他人就会认为我们非常乐意做这些事情。长此以往，这种过分的迎合不仅会给自己带来很多烦恼，也会引起他人的反感，因为只是忙着去做别人要求的事情，而耽误自己的本职工作，自然会让领导感到不满。比如，上文的白勋就是不懂拒绝而忙于做其他同事吩咐的事情，结果自己的工作一拖再拖，当领导指责他时，他却感到非常委屈。

因此，专家建议，在明确自己的态度和立场后，要向对方说明自己实际情况，比如自己为何不能帮忙、什么时候有时间等。这样不仅可以婉言拒绝他人，还不会引起对方的反感。

四是先表示乐意帮忙，再拒绝。专家建议，当其他人请求我们做某事时，我们在拒绝之前先表示遗憾，但有些人可能不明白我们话中的意思，此时我们不妨加强一下，即反过来向对方提出一个对方难以接受的要求。

比如，小陈正在工作时，有同事让他帮忙做一些别的工作，小陈便说："我很乐意去帮你的忙，但我手头上现在正在忙一个紧急的任务，而且刚刚领导又给我安排一个活儿，这个工作可能要忙到下班。要不你先帮我做完这个活儿，我再去帮你一起做。"那个同事听后，只好不再说什么。

五是先婉言拒绝，再提出解决的方法。如果有同事要求我们做某个工作，而自己不愿去做时，可以先拒绝对方，然后再提出解决的方案。

比如，我们可以对对方说"不好意思，现在不能帮助你啊，我需要将手头上的工作处理完才可以。我看看下周的工作安排，尽可能在下周抽时间来帮助你"之类的话。

因此，不管是在职场上还是在其他场合中，不要认为拒绝他人会让自己感到很不好意思。学会拒绝，勇敢地向他人说"不"，对自己有很大的帮助，不仅能够拒绝掉一些无理的要求，而且还能避免无效社交，这才是正确的做法。

不要做个"滥好人"

在他人的眼中，丁强是一个吃苦耐劳而又相当好心的人。虽然他做了好几份工作，可他的生活并没有因为他的勤奋努力而过得很优越，因为他经常将自己所挣的钱拿来帮助亲朋好友，亲友向他张口借钱时，他总是不忍心拒绝对方，总认为他们是有困难才向自己张口的，所以他说什么要帮助对方。可他自己呢，房租、吃饭都成了很大的问题。

最近，他刚刚领了一笔工资，想要将房租交上。可是，钱到手还没多久，一位远房的亲戚就打来电话："强子，你身上有钱吗？能不能借我一点，孩子生病住院了，实在借不到钱，等有钱了一定还给你。"丁强听了，本想说自己已经拖欠好几个月的房租，可亲戚还在电话那端哭诉着，于是他的心肠立刻软了下来，直接回答道："我今天正好发了工资，你把卡号发给我吧，我这就给你打过去。"那位亲戚连声"谢谢"都没有，直接将电话挂了，随即卡号的短信就发到了丁强的手机上。

因此，认识丁强的人都说他是"滥好人"。可是，这个"滥好人"由于积劳成疾而生重病时，却无人前来帮助，当他需要住院，要花很多钱，给之前那些借钱或是自己帮助过的人打电话时，对方却找出各种理由，最后一句话不是"很忙"，就是"没钱"，回绝了丁强。最后，因为重病在身无法再工作，老板只好给他一些钱，让其离开了。

之后，大家都没有再见过他，但认识他的人无不感慨地说："丁强是一个'老好人'，但没有原则，自己都顾不上了还要去帮助他人，结果不仅自己遇到各种麻烦，还重病在身，而那些他曾帮助过的亲友们却避之不及。"

在人际交往中，最忌讳的就是没有原则地做一个"滥好人"，本该坚持立场的时候却总是含糊退让，对他人也是无底线地容忍，结果自己的一腔热情换来的却是凉薄的一生。因此，做一个"好人"虽然是件好事，但要学会有原则地拒绝他人，该拒绝就要拒绝，不要勉强自己，否则只会造成无效社交的结果，让自己维护人际关系的努力最终失败。

所谓的"滥好人"，就是指没有原则、没有主见地满足他人要求的人。这类人可能是性格原因，也可能是其他因素造成的，总是对他人的要求有求必应。有时候虽然想要坚持一下，但他人的请求稍微硬气一些，他们就会立刻软化下来。由于缺乏原则和坚持，所以很容易是非不分，当事情无法解决时就会"牺牲"自己来"救"他人。比如上文中的丁强，自己已经食不果腹了，而且房租都成了问题，可当亲戚开口借钱时，他本想坚持一下，但最终抵不过他人的哭诉，将钱借了出去。可他的"牺牲"无人感激，最后积劳成疾，患上重病，也没有任何人给予他帮助。

这种"滥好人"与"好人"产生的效果是不同的，"好人"往往是有原则、有底线的，所以他人在赞颂这类人的同时，还会带着几分尊敬；可"滥好人"则不然，他们在别人的口中往往被称为"不能担当重任"，而且很多人了解他们的软肋，会得寸进尺地予取予求，因为他们深知对方不会拒绝。

著名作家三毛曾在书中讲述了这样一个故事：她在美国留学时，与几个外国女生住在一个宿舍。起初，为了能够与他人更好地相处，她每天都会早起打扫卫生，可那些外国女生却把自己的衣物随便乱放。而她则成了"女佣"般，每天都为她们收拾，并且将宿舍打理得井井有条，这获得了其他人的称赞。

可有一天，她身体有些不舒服，看着非常凌乱的宿舍，她也没有力气来整理，当外国女生回来时看到这一切很不满，并指责她怎么不收拾房间。这让她相当火大，声称自己是来上学的，又不是她们的佣人，自己只是帮忙整理，她们自己为何不收拾呢？

其实，正是因为三毛的好心付出，一开始让她们内心有些感动，可习惯成自然，在她们心理上就会形成潜在的依赖性，认为"这是她应该做的，这是她的责任"。可三毛却没有明白这一点，只是一味地做"滥好人"，最后自然感到非常委屈。

因此，在人际交往中，我们不应该去做"滥好人"，而是要懂得有原则地拒绝。那么，应该如何做呢？如何拒绝他人呢？对此，有专家提出以下几点建议：

一是懂得尊重自我需求，别让平等关系失衡。人际关系学家指出，在人际交往中，要明白自己与他人的人格是平等的，并不是他人的需求比自己重要，要懂得尊重自我的需求，即按照自己的想法来做事。而不是一味地轻视自己的需求，去满足他人的需求，这样只会让自己没有自尊，不懂得拒绝他人。

另外，在人际交往中，我们要明白他人的事情就应该由对方自己负责，如果我们想要伸出援助之手，这只是自己的意愿，并不是责任。如果自己不想帮忙也没有过错，因为与他人相处就是一种相互帮助的关系，如果只是我们帮助他人，而对方从来没有帮助我们，人际平等的关系就会失衡。对方会认为我们的帮助是理所当然的，如果哪天我们无法再提供帮助，对方就会以怨报德。

二是将实际情况告知对方。在人际交往中，如果在拒绝他人时还想保持良好的人际关系，就要用同情的口吻将实际的情况告诉对方。如果我们因为不好意思而没将具体的情况讲清楚，就会导致对方因为不了解我们的真实情况而产生诸多不必要的误会。另外，在拒绝时要顾及他人的自尊心，从而避免人际关系变得紧张。

三是拒绝时要考虑各种因素。有专家表示，在拒绝他人时要选择好时间、地点、机会。一般来说，如果自己无法帮助对方，要及早、坚决地拒绝对方，同时要表明自己的态度，让对方有所准备，否则自己的犹豫不决可能会伤害对方。另外，在拒绝时还要让对方明白，这次的拒绝并不意味着以后都不再帮助对方，下次对方有需要的话我们依然会帮忙的。

而在选择场合上，一般来说，小的场合更适合拒绝他人。当两个人交谈时，往往会出现正对面、横对面、斜对面三种情况，正对面拒绝会让对方有些难堪；横对面的拒绝往往让人不容易说出拒绝的话；而斜对面拒绝对方让人更易接受。

拒绝那些无理要求

夏雪是某公司的实习员工，由于她初入公司没多久，所以不管做什么事都是小心翼翼的，一方面她是担心自己工作会出错，另一面也是想与其他人友好相处。可是，在公司工作没多久，夏雪渐渐对同事的无理要求而感到心烦，但又不知道如何拒绝对方。

最近，公司有个女同事怀孕了，为了保护胎儿，她不仅早早穿起防辐射服，而且还将自己工位附近的打印机推到了夏雪身边，并对夏雪说："你还是小姑娘，不怕辐射，可我现在刚刚怀有身孕，要多加注意，所以这个打印机先放在你这儿吧。"夏雪听了对方这个要求很无语，因为她知道打印机对人的辐射是很大的，之前它所在位置距离那位同事的工位大概有五米远，应该不会对她造成多大的辐射的，可现在她却推到离自己仅有一米远的地方。她本想一口拒绝掉，却不知道如何开口。

之后，那个怀孕的女同事还经常差遣夏雪为她做一些事情，比如帮她收发快递、打印文件等。更无稽的是，有一次，正在上班时，她突然对夏雪说："我很想吃话梅，你去楼下超市帮我买一包吧，这是我的购物卡。"夏雪面露难色地说："这可是上班时间啊。"谁知，那位同事满不在乎地说："没事，你去吧，如果有领导找你，我就说你去卫生间了。"夏雪实在不知该如何拒绝她，只好无奈地下楼去给她买话梅了。

久而久之，那位同事经常会让夏雪做这做那，夏雪俨然成了她的"用人"，这让夏雪非常郁闷：自己到底该如何拒绝对方的无理要求呢？

在人际交往中，总有人像夏雪同事那样会提出一些无理的要求，但是我们为了维护人际关系或是感到不好意思拒绝，而违心地答应对方。在很多人眼中，拒绝往往表示漠不关心，甚至是自私的表现，所以担心自己因为拒绝他人而被讨厌、被冷落。不过，如果总是一味地忍让，勉强答应对方，结果只会造成无效社交。对此，专家建议，想要维护良好的人际关系，该拒绝时一定要拒绝。

可是，很多人都会像上文的夏雪那样处处忍让，认为只要忍忍就过去了，可如果我们不拒绝，对方就不会意识到自己的沟通方式有问题。另外，如果我们回避情绪的表达，对方也就从来不会在意自己强人所难的沟通方式，之后他们依然会以这种方式来对待我们或是其他人。可我们因为在他人的事情上投入过多的时间和精力，自己的事做不完或是完成得马马虎虎，自然会招致领导的不满。

虽然拒绝可能会让彼此之间产生一些隔阂，但在人际交往中，采用有技巧式的沟通方法不仅不会造成无效社交，还会让他人心甘情愿地接受我们的拒绝。那么如何才能有效地拒绝他人的无理要求呢？对此，有专家提出以下几点建议：

一是直接而坚决地拒绝。如果我们发现他人提出的要求过于无理，我们想要予以拒绝，就要直接而坚决地表示拒绝。比如，"非常感谢你看得起我，可我现在正在忙，走不开"或是"不好意思，我现在不方便"。同时，也可以在拒绝时尝试用自己的肢体语言强调自己的拒绝之意，比如摆手、皱眉、转头或是转身等。另外，心理学家还建议，拒绝时不用过分道歉，因为帮忙不是自己的责任，而且他人提出的要求是不需要得到对方的允许才能拒绝的。

二是弄清楚拒绝和排斥的差别。在人际交往中，当我们拒绝他人的无理要求时，并不是对对方心生排斥之意，也不是否定对方。而在这个过程中，对方也会明白，我们是有拒绝的权利的，就像他们有权利要求帮助一样。所以，有时候只要将拒绝之意表达清楚，并穿插一些诸如"我很重视你"之类的话，就不会造成人际矛盾。

比如，当同事叫我们参加某个聚会，可我们不想去时，可以拒绝道："很遗憾这次不能参加，不过你能叫我，我感到非常开心。不过，千万不要因为这件事而介意，下次有什么聚会再叫我。"尽管我们表达了拒绝之意，但在此过程中却表达了自己的心意，传达出"我很重视你"的信息。此时，对方就不会产生被排斥或是被否定之感，从而更易接受这份拒绝，也能很好地维持彼此的关系。

三是多给自己一些时间考虑。当他人提出请求时，我们不能一味地回答"是""好的"等，而是要打破这种循环，对他人说"我考虑一下"。在考虑之后做出选择，这样能让我们更有信心地拒绝他人。

四是表明自己非常为难。当他人明知自己的要求有些强人所难还提出请求时，我们可以夸张地表现出自己非常为难的心理和实际状况，他们便会做出让步。比如，我们可以说"这件事真是太难办了，我现在的确挤不出时间来帮忙啊，上次答应你做某件事时已经给其他人添了不少麻烦了"之类的话。

即使最终我们可能会答应，也让对方认识到他们所提的要求是多么无理。所以，在对方提出无理要求时，我们要尝试表达自己非常为难的心理。

因此，不想让无效社交耽误我们的时间，想要与他人建立良好的关系，并不是必须唯命是从，而是要学会拒绝他人的无理要求，这样才能有效地维护人际关系。

与人保持适当距离

程丽在某公司才入职一个多月，可她发现，有些同事好像和她很熟似的，在一起讨论工作或是说话时总是离她非常近，这让程丽感到有些不舒服，因为在她看来，自己和他们的关系还没有好到那种地步。所以，当自己想要拒绝他人时，程丽就会刻意保持适当的距离。

有一次，程丽所在的部门在会议室讨论某个方案时，当程丽说完自己的想法后，坐在她旁边的一位女同事可能没有听清，就从座位上起来了，直接趴在程丽的肩膀上说："亲爱的，你能再说一下你的构想吗？"这让她顿时感觉有些不舒服，虽然对方是女性，但对程丽而言，她感觉自己与对方并没有那么亲近。她很想将自己的想法宣之于口，拒绝对方的这种亲昵动作，但她又担心自己过于直接会让对方下不来台。

于是，程丽想了想，对那位同事说："我的构想都在笔记本上写得很清楚，你不妨拿过去仔细看看吧。"说完，她将自己的笔记本放在那位同事的座位上。对方听后才站起身来说："好的，我仔细看一下。"

还有一次，中午吃饭时间，同事们三五成群地下楼吃饭，一位女同事走到程丽跟前，直接挽起她的胳膊说："丽丽，一起吃饭去吧。"这让程丽有些不适应，但她没有直接将对方的手推掉，而是对她说：

"你先去吧，我手上的工作还没有忙完，过一会儿再去。"对方听完，便识趣地离开了。

久而久之，程丽发现其他同事在与自己交谈时也会保持一定的距离。这种距离的沟通让程丽感到很舒服，与同事的关系也相处得很融洽。

对于每个人来说，都希望有一个自我空间，它就像一个无形的气泡，为自己划定了一定的领域，当他人侵犯自己这片领地时就会感到不舒服、不安全，甚至心生厌烦。上文的程丽正是因为他人"侵犯"了自己的"领地"，才会感到内心不适。而后来其他同事与她保持适当的距离相处时，她则感到比较舒服，而且与同事相处得很融洽。

在日常生活中，人们可能或多或少会有这样的经历：与他人的关系越是亲密时，越容易发生一些摩擦和矛盾，而关系一般的则相处得比较愉快。特别是关系比较亲近的朋友、情侣、家人之间，总是会出现互相埋怨、争吵等情况。

小孟与小吴是大学同学，而且是同一宿舍，很快，两个人的关系变得非常亲密，如同亲姐妹般。可是渐渐地，小孟发现小吴有时候分不清楚私人空间，经常会侵犯她的个人隐私。

有一次，小孟在自己的电脑中写了一些关于自己的私人情感的事情。当小吴使用她的电脑时却不经小孟的同意，直接打开看了，看后还问小孟："你内心怎么还藏有这么多的小秘密，为何不跟我说呢？"这让小孟很生气，这些隐私她怎么能随意看，而且还没有经过她的同意。于是，她很不满地说："这是我的个人隐私，请你以后不要随意翻看。"小吴听了却不以为然地说："咱们俩的关系这么近，我看一下又能怎样呢？"

之后，小孟越说越气愤，两个人还发生了激烈的争吵，从而导致她们的关系变得不再像以前那样友好了。

心理学家指出，关系再友好，也要保持适当的距离。保持距离，才有个人空间，同时，做事时才有回旋的余地。如果我们像小孟那样与他人相处时不保持适当的距离，不仅会导致社交受阻，还会失去个人隐私。

为什么会出现这种现象呢？心理学家指出，这是刺猬法则的表现。所谓的刺猬法则，主要讲的是在人际交往中的心理空间距离，只有保持不远不近的适当距离，才不会导致无效社交，才能让人与人之间相处得更加和谐。同时，保持适当的距离也会在无形中让我们更好地拒绝他人。

刺猬法则讲的是一个非常有趣的现象：在寒冷的冬天，两只刺猬在洞穴中又困又冷，为了让彼此更温暖一些，它们就相拥在一起。可这样做不仅没有让它们更暖和、睡得更舒服，反而因为它们身上的尖刺而扎痛对方，从而让它们更难以入睡。所以，这两只刺猬只好保持一段距离。可是，寒冷再次袭击它们，难以忍受的两只刺猬再次选择抱在一起。最后，它们折腾了好多次，才找到一个合适的距离，既能让它们相互取暖，又不会扎到对方。

有心理学家曾做过这样一个实验：在一个刚刚开门的图书馆中，

当里面仅有一个读者时，心理学家走进去，直接坐在他／她的身边，来测试对方的反应。由于对方不知道这是在做实验，当他们发现心理学家坐在自己身边时，大多数人都会出现以下反应：马上离开，重新找个位置坐下。还有人会直接问道："你要做什么？"

这个实验对80个人进行了测试，结果都出现同样的情况：在一个只有两位读者的宽敞图书馆中，任何一个人都无法忍受一个陌生人紧挨着自己的身边坐下。

其实，在人际交往中，我们只有保持适当的距离，才不会因为与对方走得过近而无法拒绝对方，担心影响彼此的关系。所以，不想造成无效社交的局面和人际关系的冲突，想要成功地拒绝他人，不妨与对方保持适当的距离，这样不仅能够赢得他人对我们的尊重，也能为自己避免一些不必要的麻烦。

那么，与人交往中，什么样的空间距离最为合适呢？有心理学家总结了以下四种社交距离：

一是亲密距离。通常来说，这个距离代表着关系亲密无间，也是人际交往中最短的距离，大概距离是0～45厘米。这种亲密的距离是关系比较近或者非常熟的朋友、恋人、夫妻之间的距离。如果关系没有那么亲密，我们就会非常抵触他人进入这个空间范围。

二是个人距离。一般来说，这个距离是熟人和朋友之间的交往距离，彼此之间避免有身体接触，但又能友好地进行沟通、交流，大概距离是45～120厘米。如果是不相熟的人侵入这个范围，我们就会感到不舒服，予以拒绝。

三是社交距离。这个距离通常出现在社交场合中，强调的是礼节上的距离，大概距离是 120 ～ 360 厘米。如果是在社交场合中，他人超越这个距离，侵入我们的私人空间，我们就要学会拒绝。

四是公众距离。通常来说，这个距离是在演讲等场合中，大概距离是 360 ～ 750 厘米，这是一个比较开放的空间。

因此，在人际交往中，我们应该有意识地与他人保持适当的距离，当他人侵犯自己的"领地"或是超出交往距离范围时，我们要明确自己的态度，予以拒绝。在保持适当的距离基础上，我们也更容易对他人的要求说"不"。

用温和的方式拒绝

周末下午，周倩与闺密相约一起去看电影。正值伏天，天气非常闷热，外面如同进入了烧烤模式，她们走了没多久就浑身是汗。于是，她们商议先到一家快餐店里点两杯饮料，准备在那里休息一会儿再走。进入快餐店后，两个人在凉爽的环境中只顾着聊天，当拿手机看时间时才发现电影放映的时间快到了。于是，她们急忙从快餐店出来，朝着电影院赶过去。

正往前赶时，有一个小伙子背着一个大包朝着她们走来，一手拿着一块布，另一只手拿着一小瓶东西说："不好意思，打扰一下，这是我们公司推出的小白鞋清洗剂，特别好用，我可以帮你们试一下。"一边说着，一边顺势蹲下要为周倩擦她脚上的小白鞋。周倩看到那个小伙子皮肤晒得黝黑，而且豆大的汗珠一直往下掉，似乎已经在太阳底下晒了好久了。

看着对方这么辛苦，周倩和闺密都不好意思直接拒绝他，但眼看电影放映的时间就要到了，周倩想了想，用温和而坚定的语气告诉对方："很抱歉，我们现在赶时间，而且我们对这个产品没有需要。不过，你可以先给我们留一张名片，如果我们有需要了，就会立刻打电话联系你的，谢谢。"小伙子听了，立刻从兜里掏出名片，双手递给了周倩。虽然最后小伙子没有推销出自己的产品，但他很开心地离开了。

著名作家三毛曾说："不要害怕拒绝别人，如果自己的理由出于正当，因为当一个人开口提出要求的时候，他的心里本就预备好了两种答案，所以给他其中任何一个答案，都是意料中的。"因此，在人际交往中，如果我们不方便接受他人的好意，直接说"不行"的话担心会伤害到对方，不妨用温和的方式来拒绝。这对自己和对方都是一种尊重，既没有粗暴地伤害对方，也不会让彼此的处境变得尴尬，更不会造成无效社交的尴尬局面。

不过，如果我们总是碍于情面不好意思拒绝他人，到最后受到伤害的只有自己。

小迪最近要去韩国旅行，有一个朋友听到这个消息，就让她为自己代购一些化妆品。小迪本想拒绝的，但又担心伤了彼此的关系，只好应承下来。可在购买朋友指定的化妆品时却相当麻烦，因为那个地方不在小迪所报团的旅行路线中，于是，她只好跟导游协商，自己单独出行半天，好说歹说导游才同意。而在购买时，她还开通流量漫游，并打长途电话与朋友沟通，才购买到朋友所说的化妆品。

可是，当小迪将化妆品带回来，朋友看了看之后却表示，这款化妆品与她所用的不太一样，所以她不想要了。这让小迪很无奈，因为她之前没有给小迪钱，所以小迪也不好意思硬塞给对方。最后，小迪只好将那套化妆品搁置在家中。之后，小迪再也不愿帮其他人代购了。

因此，如果我们不想让自己受伤，不想在与人交往的过程中造成无效社交，就要懂得温和地拒绝他人，这不仅体现了我们的高情商，也能让对方更好地接受。比如，在《红楼梦》第三回中，当邢夫人要留林黛玉在她那里吃晚饭时，林黛玉笑着回答道："舅母爱惜赐饭，原不应辞，只是还要过去拜见二舅舅，恐领了赐去不恭，异日再领，未为不可，望舅母容谅。"她的语气非常温和、谦逊，邢夫人听了表示理解，也笑着回应道："这倒是了。"于是，林黛玉才告辞。

在人际交往中，当我们面对他人各种请求无法满足对方时，我们不妨采用温和的方式来拒绝对方，以将伤害降到最低。那么，如何温和地拒绝他人呢？对此，有专家提出以下几点建议：

一是及早拒绝是一种仁慈的表现。在人际交往中，有的人会因为不好拒绝他人而不断地拖延，结果只会让对方产生更多的误解。因此，有心理学家表示，其实，最有效率、最仁慈的方式是及早地表达自己的拒绝之意。

比如，小张的一位朋友听说某个学校的特级老师是他的远房亲戚，所以朋友向小张提出请求，希望他能牵线让自己的孩子进那个老师所带的班级中。当时，小张想着既然是朋友，就答应了。可不承想，没过多久，朋友与他渐渐疏远了。后来，小张从其他朋友口中得知，那位提出请求的朋友本以为特级老师是小张的亲戚，费用能减免或是少收，结果老师没少收一分钱，所以，那位朋友认为小张没有上心给他办事。殊不知，小张为了帮朋友跑了好多次，托了很多关系。最终小张只怪自己没有趁早拒绝，不然也不会造成这种结果。

二是不要自我辩解，多安抚对方。有些人在拒绝他人的请求时会感到有些愧疚，所以就会想尽办法对自己的行为进行辩解。对此，心理学家表示，这种做法是非常不妥的，在拒绝他人时，我们不能只想着如何将自己的拒绝合理化，而应该安抚一下对方的情绪，以让对方理解我们，才能做到高效沟通，避免人际关系受挫的无效社交结果。

三是真诚地解释。如果他人提出的请求让我们感到很为难，而且一时找不到拒绝的理由，就不要匆忙、粗暴地加以拒绝，给自己一定的缓冲时间。但不管最后给出何种借口，都要给对方一个真诚的解释，虽然有时候对方不一定真的理解，但也要说出自己的真实想法，而不是沉默不语。这不仅会造成无效社交，还会对他人造成伤害。

比如，当他人邀请我们参加某个聚会时，如果我们不想去，不妨先向对方表达谢意，表示自己也很想去，但很可惜今天有事，已经与其他人约好了，最后可以说改天一定请对方吃饭。

有主见不会被左右

晚清四大名臣之一的曾国藩一向敢于坚持自己的主张，可在一次带兵打仗中，却因为缺乏主见，在误听了他人的建议后兵败，最后差点自杀身亡。

1854 年 4 月，太平军向湖南发起进攻，他们先派遣一支军队进攻靖港，然后又派出一支军队向湘潭进军，这样做的目的就是为了南北合击，以攻下长沙。面对这个危险的局面，彭玉麟、左宗棠在一番讨论后果断地拿出一个应对的策略：集结湘军所有的兵力进攻湘潭。这个方案获得曾国藩的认可。于是，曾国藩让彭玉麟等人率领湘军水师的一部分人马先去湘潭，并对彭玉麟表示，在第二天他就会率领其他水师前去支援。

本来，事情都在他们的计划之内，可到了晚上，却发生了重要的变化。因为在长沙城内的很多官绅认为，那些驻扎在靖港的太平军对他们的威胁更大，所以他们希望曾国藩能够出兵去攻打靖港。为了达到这个目的，他们竟然编造出在靖港的太平军兵力非常少的谎言，而后又不断地劝说曾国藩。

面对那些官绅的劝说，曾国藩有了些许的动摇，而且毕竟是一介书生，人又比较老实，很难拒绝官绅的百般劝说。最终，他被那些人说动，决定率领湘军水师攻打靖港。

可是，在靖港驻扎的是太平军的主力，那些官绅的谎言不攻自破，在对方的顽强抵抗下，曾国藩所率领的军队被打得落花流水。这让曾国藩非常羞愧，想要自杀来结束自己的生命，幸好被当时的将领章寿麟救起。

其实，曾国藩本来是可以打赢这场仗的，但因为他缺乏主见，没有坚持自己的主张，没有果断地拒绝大家的请求，最终，在他人的百般劝说下，被对方牵着鼻子走，从而兵败靖港。因此，心理学家指出，在人际交往中，我们要有主见，要坚信自己的观点是正确的，才不会人云亦云，被他人的意见所左右，也不会不知如何拒绝他人。

有一位禅师天天都在寺庙中苦心地参禅，可是好几年了，一直没有顿悟。有一天，他向寺庙中一位有名的得道禅师请教："佛是什么呢？"对方回答道："即心即佛。"这位禅师听了顿时恍然大悟。在开悟后，他离开了寺庙，决定下山去弘扬佛法。

那位得道禅师听说他开悟了，有些不相信，因为他在寺庙中参禅这么多年都没有开悟，怎么会一下子就开悟了呢？于是，他决定让一个弟子去试一试他。

那个弟子见到禅师后就问他道："师兄，师父对你说了什么，你就开悟了呢？"对方回答道："即心即佛。"那个弟子说："可是，在我下山时，师父告诉我的不是'即心即佛'啊。"禅师一听，大为震惊，他急忙问道："那现在他认为什么是佛呢？"那位弟子回答道："师父说的是'非心非佛'。"

禅师听后微笑着说："师父这不是存心找人麻烦吗？不过，即使他现在认为是'非心非佛'，但我依然坚持我的想法，认为佛就是'即心即佛'。"

那位弟子回去后将这个情况汇报给了师父，师父听完激动地说："他真的是得道了。"

心理学家表示，遇事有主见的人，往往会把事情分析得非常透彻，这类人就像是山中的松柏，咬定青山不放松，不管他人说什么，自己都有着坚定的立场，不会被他人左右。而没有主见的人则像是墙头的芦苇，随风摇摆、随波逐流，很容易听信他人的话，也不懂得拒绝他人，从而非常容易迷失自我。

虽然说在人际交往中要有主见，才能做到高效沟通，但做起来并不是一件容易的事。那么，如何才能让自己更有主见呢？对此，有专家提出以下几点建议：

一是树立自信。有心理学家表示，自信是一种态度，也是一种内心修为，如果我们对自己的能力缺乏自信或是在某些方面比较无知，就很难有自己的主见，也容易被他人左右。

因此，我们要树立自信，在不断提升自己能力的同时，全面地认识自己，看到自己的优点。如果自己在解决某件事情时并不具备优势，要制定一个处理问题的原则，之后再听取他人的意见。而他人在发表意见时，我们也要说出自己的主张和见解，不能一味地听从他人的建议，久而久之，我们就会变得越来越有主见。

二是不断地学习和反省自己。只有学习更多的知识，才会有自己的想法和见解，才会更有主见。所以，闲暇时间少看一些电视、少玩一些游戏，多去图书馆看看书，多去不同的地方见识一下，以让自己的视野更开阔，积累更多的知识和经验。另外，要不断地反省自己。在某件事情发生后多给自己一些时间去思考、总结，在此过程中，我们就会形成自己的观点和想法，那么，再次遇到类似的事情时就会有独到的见解，而不会被他人的观点所左右。

三是认准目标。当我们下定决心实现某个目标时就会全力以赴，就不会在意他人的不同想法和建议，从而取得杰出的成就。可是，如果我们缺乏主见，就只能活在他人的阴影下，匍匐在他人的脚下，最终导致我们难以获得自由发展。因此，当我们认准目标后，就要顶着舆论的压力前进，并且要有不达目的决不罢休的决心，才能让我们到达成功的彼岸，才会在做事时更有自己的主见和想法。

所以，在人际交往中，如果我们不想造成无效社交，不想人云亦云，就要让自己变得有主见，遇到任何事才会有自己的真知灼见，才能勇敢地说出拒绝的话。

找恰当的"挡箭牌"

周婷是文学院的院花，不仅人长得漂亮，而且很有文采，所以大家都喜欢称她为"才女"。这么一个有魅力的女孩，自然深受很多人的喜欢，尤其是单身的男生，所以追求周婷的男生非常多。

最近，计算机学院的一个长得有些不尽如人意的男生对周婷展开了爱情的攻势。自然，周婷是看不上他的，这让周婷的闺密不免为其担心："你要如何拒绝他呢？人家本来相貌就说不过去，你可不能直接说'你长得太对不起观众了，所以我不会接受你的'这种话啊。"周婷笑着说："当然不会了，那样多伤人家的自尊，我肯定不会那样直接拒绝的。"

起初，周婷只是简单地对那个男生说："不好意思，我不能接受你。"但对方却不死心，非要问清楚具体的原因，这让周婷有些为难，自己不可能将真实原因说出来。后来，她想了想，找到了一个恰当的"挡箭牌"，她对那个男生说："我知道你的老家是广西的，而我的老家则是河北的，将来我们毕业了即使工作在同一个地方，但有可能后来我们会回各自的家乡发展，如果打算长久在一起，这些都要考虑到的。"

那个男生听了，心里不由得有点开心，没想到周婷考虑得那么长远，但他依然有些不死心，顺着周婷的话说道："到时候你去哪个城市工作，我就在哪个城市发展。"周婷听闻，只好再次搬出一个"挡箭牌"："可是，家里人希望我能找一个事业有成的男朋友，而如今你我还是学生啊。"对方听了，只好不再说什么。

不过后来，那位男生并没有因此而记恨周婷，而且依然与她相处得不错。

在人际交往中，很多人都希望能够找到两全其美的拒绝方法，既能有效拒绝他人的请求，又不会伤害对方的面子，从而维护好彼此的关系。其实，想要达到这样的效果，就要像上文的周婷那样为自己找一些合适的"挡箭牌"。

阮籍是"竹林七贤"之一，他曾与嵇康齐名，可嵇康在人际关系上总是喜欢硬碰硬，当面拒绝他人，从而得罪了朝中的权贵，最终被司马昭杀害了。当时，七贤中的其他一些人也或多或少受到牵连，只有阮籍受到司马昭的宠爱，这是为什么呢？主要是阮籍在拒绝司马昭时总是能找到恰当的"挡箭牌"。

当时，司马昭非常想让自己的儿子司马炎娶阮籍的女儿做妻子。可阮籍内心非常反对这门亲事，因为他很看不起司马昭父子俩，也不愿与其走得太近。他内心是支持曹魏的，不愿与司马家合作，也看不惯司马昭残害曹魏的大臣。可是，他又不能公开拒绝司马昭提出的婚事，否则只能招来杀身之祸。

正当他苦恼该如何拒绝司马昭时，发现家中角落里有一堆酒坛，他顿时有了主意。每次司马昭请阮籍去商量儿女的婚事时，他都故意喝得酩酊大醉。一个多月过去了，司马昭没有找到一次与他详谈的机会。最终，这桩婚事只好不了了之。

阮籍正是借酒作为自己的"挡箭牌"，用醉酒的状态拒绝了司马昭所提的婚事，让对方不便说出口或是无法开口。最终，他不仅保护了女儿，也保全了阮氏家族，保全了自己的名节。

因此，在拒绝他人时要像上文的周婷、阮籍那样找到合适的"挡箭牌"，不仅能够有效地拒绝他人，还能不伤害彼此的感情。那么，应该用哪些挡箭牌来拒绝他人呢？对此，有专家提出以下几点建议：

一是以身体不适作为"挡箭牌"。一般来说，当听到他人说自己身体不适时，我们都不会强求，可以说，这是一个非常不错的拒绝理由。俗话说得好："身体是革命的本钱。"当对方身体不适时，没有人会勉强对方做某些事情。

比如，著名作家刘绍棠先生在晚年时身体不太好，但有很多人常常去拜访他，他又不能当面拒绝人家的来访。因此，他想到了一个方法来谢绝他人的骚扰，他在自己家的门上贴上这样的字条："老弱病残，四类皆全；医嘱静养，金玉良言。上午时间，不可侵犯；下午会客，四时过半。人命关天，焉敢违犯；请君谅解，大家方便。"大家看到这张字条，都很体谅他的难处，所以不太重要的事都不会前去打扰刘绍棠静养。

二是用急事为借口来拒绝。对于每个人来说，都会有自己私人的或是一些紧急的事情要做，当他人提出请求时，我们可以将自己的紧急状况说出来，对他人说："很遗憾，这次我不能帮助你，因为现在我着急处理这些事"或是"这次有些抱歉了，下次你需要帮忙的话，提前与我说一下，我一定会尽力帮助你"等。这种坦诚的拒绝方式，不但能够有效地拒绝他人，还不会影响彼此的关系。

三是用"第三人"做挡箭牌。比如，当他人请求我们办事时，我们可以说"这件事不是我负责的""我真是做不了主""这个问题需要我们领导亲自过问才可以"之类的借口来拒绝。这些借口表示自己没有权力做主，让对方从中听出一种无奈，从而既不伤彼此的和气，还能成功地拒绝对方。

比如，小汪在一家手机卖场工作，一天，他的一位老同学前来买手机，可看了很多样品机都没有挑到满意的品牌。于是，他对小汪说能不能带他去库房看一下。但库房是工作人员才能进的，可对方是自己的老同学，又不能直接拒绝他。小汪想了想，对他说："不好意思，我没有权力带你进库房，只有经理以上的职务才能进入，而今天经理不在这里，所以我无法带你进去。"对方听了，也不好再说什么。

摒弃无效社交，先完善自己

　　在人际交往中，有些人非常在意自己是主角，但有的人却全然不顾这个细节，抢尽他人风头，将原本属于主角的风光全都抢走了。结果不仅让自己的形象受损，还导致社交受阻，影响自己的事业。

注重社交中的细节

吴彬最近喜欢上一个女生，可他费了好大的劲儿也没有追求到对方，这让他相当苦恼，便向好哥们浩子求助："你来帮我分析一下，为什么那个女生总是不理我呢？不管我发什么消息她都不回复我呢？"浩子直接对他说："那你方便将你发给对方的短信给我看看吗？"吴彬将自己所发的信息都让浩子看了一遍。

浩子还没有看几条，就不再看了，他将手机递给吴彬说："难怪人家不理你呢？我看了你的短信，隔着屏幕都能感觉到相当尴尬，那个女孩看了自然不想搭理你。"吴彬很不解："哪里尴尬了？你帮我分析一下呗。"

浩子只好再次拿起吴彬的手机，指着其中一条短信说："你瞧，你给那个女孩发'在吗'，对方回答在健身房锻炼身体，可你却接着回'发张健身的自拍照看看'。其实，对方说自己在锻炼身体就是委婉地表示她现在没时间与你聊天，可你却不识趣地让人家给你发自拍照。"

浩子划了一下手机，又指着另外一条信息说："你不懂得二次元的东西就不要和对方聊呗，可你却硬聊，还奚落别人应该去看动画片。你这样说话，分分钟钟就能把话聊死了，谁还愿意和你交往呢。"吴彬却反驳道："我只是想要找话题与她聊天，要不我真的不知道该说什么。"浩子直言道："如果你在聊天的过程中不注意细节，必然会将你的形象败光了，长此以往必然会成为'句点王'，最终也会造成无效社交。所以，不管是追女生还是与其他人聊天，都要注重社交中的细节，提升自己的形象。"

的确，在人际交往中，有的人就像吴彬那样总是扮演着"句点王"的角色，分分钟就会把天聊死，让谈话气氛降到冰点。可有的人却善于带动话题，将聊天的气氛炒热，让人感到与他们说话相当愉快，这是因为他们懂得把握好社交中的细节。

通常来说，与人交往，不让对方无话可说，其实也是一种贴心的举动。对于大多数人来说，他们都喜欢与他人说话有聊不完的话题，不必担心冷场的问题。比如，当我们对足球不感兴趣，也不想听他人继续谈论足球时，当对方谈起时，我们不妨这样说"你这么喜欢足球，肯定常常熬夜看球赛了"，接着可以聊生活作息的事情；也可以说"你看球赛不陪女友，她会不会有抱怨呢"，此时就可以聊感情方面的事情了。

因此，专家表示，在人际交往中，如果他人提及的话题我们不感兴趣，完全不想接着对方的话题聊，也不要着急打断对方，而是巧妙地将对方热衷的话题转到另外一个方向。其实，这种社交细节往往会给自己的形象加分，让他人更愿意与我们交往。那么，在人际交往中，需要注重哪些细节呢？对此，有心理学家提出以下几点建议：

一是不计较蝇头小利。在人际交往中，很多人都讨厌那些爱占小便宜、锱铢必较的人，这类人往往吃不得半点亏，稍微有点付出就要回报，这种人非常令人反感。所以，在社交场合中，我们要懂得慷慨地帮助他人，不求回报，不计较蝇头小利，更不要占小便宜，才能提升自我形象，与他人更好地交往。

二是善于倾听他人。有专家指出，在人际交往中，用心倾听他人，比千言万语的安慰更有效。对于大多数人而言，他们在与人交谈时都想要表达自己，想要讲述自己的经历或是对某件事情的看法。正如著名主持人蔡康永所说："聊天的时候，每个人都是朕，每个人都只想聊自己。"可如果在与人聊天的过程中只是以自我为中心，不懂得倾听他人，最终只会导致无效社交的结果。

因此，在社交场合中，我们要做一个善于倾听的人，鼓励他人谈论自己，这不仅能够促进沟通，还能提升个人形象。比如，当我们表达自己对某件事的看法后，不妨说"你认为呢""你怎么看呢"等，将话题交给对方，让他人也有表达的机会，对方自然更愿意与我们交谈。

三是懂得守时的重要性。在人际交往中，很多人都比较看重守时的人，这个细节能代表一个人对约定的重视，也表示他是一个靠谱的人，更是信誉的表现，重视自己和他人的时间。如果一个人总是迟到，不仅浪费他人的时间成本，也耽误事务的进程，自然会让人不愿与之交往，将其划入不守时、不靠谱、不讲信誉之列。

四是在谈话时增加戏剧性的转折。有专家表示，在人际交往中，如果我们想在谈话的过程中更开心、更轻松，不妨尝试着"好事以坏事收尾，坏事以好事收尾"，即在谈话的过程中增加一些戏剧性的转折点。

比如，同事甲向同事乙分享了自己在周末遇到的一件好事：在商场买东西时竟然中了一等奖。这是一件好事，如果话题到此结束，往往有炫耀之意，可甲接着说："一等奖居然是 10 公斤的油，我提着它转车回家快累死了。"结果好事是以坏事收尾。这不仅能够增加谈话的戏剧性和趣味性，还不会让对方产生无聊和乏味感。

五是不要抢他人的风头。在人际交往中，有些人非常在意自己是主角，但有的人却全然不顾这个细节，抢尽他人风头，将原本属于主角的风光全都抢走了。结果不仅让自己的形象受损，还导致社交受阻，影响自己的事业。

比如，有位经理请几位主管吃饭时，其中一位主管却举着酒杯四处找人敬酒，好像自己是主角，将经理的风头抢尽。这让经理感到很不满，对其印象大打折扣。这次饭局之后，那位主管一直不受重用。

要往自己脸上贴金

温倩是一名家庭主妇，自从有了孩子后，她就与丈夫商议，自己在家全权负责家务以及带孩子，而丈夫则继续他的事业。渐渐地，丈夫的事业做得越来越大，经常会出席各种活动，可有时候一些聚会活动需要携夫人陪同参加。但由于温倩经常在家不怎么外出，所以衣着打扮也不怎么上心，结果在一次活动中，让温倩感到非常难堪和尴尬。

有一次，丈夫在参加某个盛大宴会时，需要温倩陪同，当时丈夫比较忙，直接从公司出发了，而温倩则是从家里赶到了活动地点，她在出门前只是简单地梳洗打扮一番，穿着休闲的衣服就出门了。可到了活动现场，她才发现其他女士都是盛装打扮：穿着晚礼服，而且佩戴各种首饰，自己则显得格格不入，这让她感到相当尴尬，后来她只好选择坐在角落里一个不起眼的座位上。

庆幸的是，这场活动不需要她挽着丈夫的胳膊与他人攀谈，而且活动的时间也不是很长，所以才让温倩从尴尬的处境中及早脱离出来。当她与丈夫坐车回家时，丈夫随口说了一句："你以后多买一些衣服吧！"此时，温倩才知道丈夫对自己的穿着不甚满意，虽然心里也有些别扭，但她明白现在是个以貌取人的社会，为了适应社会，自己必须做出改变，必须学会往自己脸上贴金。

之后，不爱打扮的温倩在参加某些重要活动或场合时，她都会细心装扮一番，并买一些礼服和首饰，这不仅是满足丈夫的面子，而且也是往自己的脸上贴金。不仅如此，她还开始学习一些社交礼仪，以让自己更好地融入其中。

后来，温倩再与丈夫参加一些活动和宴会时，经常听到其他人对她的丈夫说"夫人这身装扮很漂亮""衣着得体大方"之类的话，丈夫每次听闻总是眼角含笑。

心理学家指出，在社交场合中，很多女士佩戴首饰或是化上精致的妆容并不是出于炫耀，而是为了社交需要，为了在正式的场合看起来更加体面，同时，这也是对他人的一种尊重。可以说，塑造良好的外在形象是为自己脸上贴金的妙招之一。

那么，在人际交往中，我们应该如何提升自己呢？如何往自己脸上贴金呢？对此，有专家提出以下几点建议：

一是提高自己的品位和风度。在人际交往中，如果我们想给他人留下有品位、有风度的印象，就需要我们在说话时掌握节奏、举止得体等。比如，当谈论某个话题或是回答他人的提问时，看着对方的眼睛，不仅能够增强说服力，还能给对方留下不错的印象。

二是学会表现自我。有专家表示，表现自我的方法有很多种，而最简单、最易迷惑人的方法就是与名流或是权贵交往，抑或是出入一些高级场所，让他人将我们当成名流人物。心理学家指出，这往往是一种欺骗的技巧，会让他人放松警惕心，以获得意想不到的效果。

比如，当我们与一个合作伙伴谈生意时，对方起初对我们信心不足，当我们将其带到一个自己偶尔出入的高档场所中，如同走进自己的家，并向其推荐这家店的招牌菜等，这样会让对方误以为我们是这家店的常客，自然会有利于谈判的进行；再如，当我们追求某个心仪的对象时，带着对方在高档餐厅用餐，会让对方放松警惕，认为我们很可靠，从而基于信任而憧憬未来的美好生活。所以，这需要我们先对高档场所做好调查。

三是适时展现自己的才能。尤其是在职场中，如果我们发现某些工作安排有问题，按照这种方法来进行的话会出现大纰漏，此时，我们应该鼓足勇气提出来。因为这个机会可以让我们获得他人的赏识，或是能将自己的能力和价值展现给其他人，从而抬高自己的身价。如果自己的建议没有被采纳，他人就会在后来的失败中想起我们的建议，发自内心地赞叹我们的远见。

比如，小安在反复查看领导所下达的决定后发现其中有些问题，如果按照预定计划执行的话，将会给公司带来巨大的损失。可领导因工作需要去了外地出差，电话也一直处于关机的状态，而执行方催得很急。这让小安陷入两难的境地：如果自己自作主张停工则是越权，轻则被罚，重则被炒。

可为了挽回公司的损失，他还是将领导制定的计划修改了一下，并按照修改后的计划去执行。结果，按照小安所改的方案执行后，取得了不错的成果。而小安在修改计划的同时也向领导打了报告，反映了此事，领导得知后对其能力和魄力大加赞扬，并委以重任。

四是"表演"自己的口才。在人际交往中，要学会适时地"表演"自己的口才，这不仅能够提升自己的形象，还会让其他人对我们心生好感，从而有利于社交的开展。

比如，在与人沟通时适当而自然地使用一些文雅或者专业的字句，让对方感到我们在某方面很专业或很有文化修养，也让对方心生敬意。例如，当我们提及某种药，如果说"味甘而补，味苦而清，药辛发散解表，药酸宁神镇静。任何事物都有它不同的特点，也有它不同的作用"之类的话，对方就会认为：不是医生竟然说出这番专业的话，真是有学问啊！

再如，发表一些让人无法反驳的观点。在与人沟通、交流时，当有人询问我们对某个问题有什么看法时，可能有时候我们并不想说出自己的真实想法或是注意力不在这个问题上，那么，我们不妨说一些与主题有关但又不会产生矛盾分歧的观点，如"这种问题要视情况而定""不同的情况下可能有所不同"等。

在人际交往中，除了学会往自己脸上贴金外，也要懂得给他人脸上贴金，这样才会让对方感到开心，并心存感激，才更愿意与我们交往。比如，当遇到喜事，他人向我们道贺时，我们不妨说"沾你的光，托你的福"之类的话，虽然这样做让我们自身的光彩暗淡了一些，但让对方感到很有面子，从而增进彼此的感情，更有利于社交和相处。

以宽容的心胸待人

肖娜与薇薇是一对好朋友，两个人在大学四年期间结下了深厚的友谊，毕业之后，两个人也表示要在同一个城市发展，以方便日后的来往。在找工作时，两个人都是谁有招聘信息就会彼此共享，都希望对方能够尽快找到工作。可最近肖娜却感到很郁闷，因为她听同学说薇薇去一家实力比较强的公司面试了，可这个消息薇薇却没有跟她说。

肖娜没有直接向薇薇问个明白，而是在心里不断地猜想和抱怨对方：自己一直都将她当作好朋友，找工作的信息也都与她共享，可她为何这么对自己，难道是怕我以后发展得比她好吗？难道是不愿将好的资源共享吗？她真是太有心机了，她这样算什么好朋友啊，以后自己再也不愿和她有来往了。肖娜越想越气，气鼓鼓地连晚饭也没有吃。

后来，当薇薇再约肖娜出去时，肖娜总是没好气地拒绝了她。如果两个人在哪里碰到了，肖娜对薇薇也是不冷不热的。几次下来，薇薇不再主动与肖娜联系了，两个的关系也越来越疏远，最后她们竟然形同陌路。

直到三年后，肖娜去参加同学聚会才从薇薇那里得知，之前那次应聘她之所以没有告诉肖娜，是因为肖娜曾说过，自己不会去离家太远的地方工作的，凡是外地的企业招聘信息她一概不考虑，而那家公司的招聘岗位就是希望应聘者能够服从调配去外地工作。此时，肖娜才知自己误会了薇薇，她并不是自己所想的那样，担心自己发展比她好，更不是有心机。

因为无端的猜忌，导致两个关系如此亲密的好友在过去的几年里变得形同陌路，错过了很多美好的时光。本来是一件很小的事情，却由于没有勇气当面问清楚，让矛盾埋藏在心底，也因为猜忌和小心眼而腐蚀了两个人的情谊。

因此，心理学家指出，在人际交往中，最忌讳的就是猜忌，因为猜忌会让我们变得心胸狭窄，会让我们没有胆量做出尝试和正确的判断，从而出现先入为主的恶意揣测，最终导致误会越来越深，不仅造成了无效社交，还会损害人际关系。所以如果我们想要摒弃这种无效社交行为，想要与人更好地交往，就不要随意猜忌、揣测、指责他人，而是懂得宽容待人，用宽广的胸怀和度量与他人沟通、交流。

俗话说得好："量小非君子。"与人交往，只有胸怀宽广的人才能赢得他人的信服。宽容是一种雅量，也是一种气度，只有我们懂得宽容待人，才能够实现高效沟通，才能获得更多的好感和尊重。

在宋真宗时期，王旦是著名的宰相，正是因为他的宽容待人而被后人称道。而在当时，连相当高傲的名相寇准都对他叹服不已。

当时，王旦与寇准是宋真宗的左膀右臂。王旦经常在宋真宗面前夸寇准，但寇准却因为看不起王旦而经常在宋真宗面前说对方的缺点和不足。有一天，宋真宗对王旦说："你总是夸寇准，可他却在你背后说你的不是。"王旦听了不仅没有生气，反而笑着说："这是情理之中的事啊，我担任宰相的时间比较久，处理的政事也很多，所以必然会有很多不足。寇准却从不对您隐瞒，可见他是一个忠诚、刚直的人，所以我对他非常敬重。"寇准得知这件事后，对王旦非常佩服。

还有一次，寇准被宋真宗免去了枢密使的官职，他想要谋取"使相"一职。于是，他直接去找王旦帮忙。王旦听后惊讶地说："使相一职，怎么能随意求来呢？我不能私下里接受你的请求。"他的回绝让寇准非常失望。可是，在后来的职务安排中，寇准却很意外地被任命为武胜军节度使，这个职位也是相当好的，这让他又惊又喜，心想皇上竟然没有忘了他。

当他与皇上见面时，对宋真宗表达了自己的感激之情，宋真宗却告诉他，这个职位是王旦推荐的。此时，寇准感到非常意外，同时也深感惭愧，之后他对王旦更是由衷地佩服。

因此，在人际交往中，宽容待人是相当重要的，它会让我们在人际关系中无往而不利。那么，如何才能让自己的胸襟更宽广呢？如何才能做到在社交活动中宽容待人呢？对此，有专家提出以下几点建议：

一是不要心思太重，凡事看开些。在日常生活中，很多人可能会因为鸡毛蒜皮的小事而大动肝火或是与他人发生争执，如果总是这样，不仅会造成无效社交的结果，还会破坏正常的人际关系。上文的肖娜正是因为心思太重，而对朋友妄加揣测和猜忌，才与密友关系越来越疏远。

因此，专家建议，不管遇到什么事都不能心思太重，凡事看开一些，当无论遇到什么问题我们都看得比较淡、比较开时，心胸自然也就变得宽阔了。

二是懂得宽恕他人。在与人交往中，难免会有摩擦和矛盾，当发生这些事情时，如果我们能够退一步，宽恕他人，那么，又何来的摩擦和矛盾呢？恕，这个字相当微妙，上面一个"奴"，下面一个"心"，当我们生气、发怒时，就会变成情绪的奴隶，这样不仅伤神、伤心，还会破坏人际关系，导致社交受阻。

因此，心理学家建议，宽恕他人不仅能够让自己拥有一份安宁和祥和，也是在拓展自己的人际关系，多一个朋友总比多一个与我们对立的人要好。正如美国前总统林肯那样，总是将自己的政敌变成朋友，当有人建议他应该想办法打击和消灭那些政敌时，他却说："难道我们不是在消灭政敌吗？当我们与敌人成为朋友时，政敌早就不存在了。"因此，在人际交往中，心怀善意，懂得宽恕他人，才能不断地完善自己。

三是开阔自己的眼界。如果想让自己心胸变得开阔一些，变得更加宽容，不妨开阔自己的眼界，比如多读一些历史传记、多和一些知识丰富的人交谈、多去旅行等。

及时出手"打圆场"

在一家理发店中，有一位很有名气的理发师带着一个徒弟为客人理发。徒弟在学艺一段时间后，理发师便让他为客人理发。可徒弟担心自己做不好，而且也怕遇到难伺候的客人，但理发师却安慰他说："不用担心，有师父帮你压阵。"

当第一个客人进店后，徒弟为其认真地理发。可对方理完发，照了照镜子说："剪了半天，头发还是有些长啊，真是白理了。"徒弟看了看师父，不知道该如何回答，理发师听了之后立刻接话道："头发长一点显得您含蓄，这叫'藏而不露'，与您低调不张扬的身份很相称。"客人听后笑了笑，不再说什么就离开了。

过一会儿，第二位客人走进理发店。徒弟立刻为其洗发、理发，可理完发之后，那位客人照了照镜子说："你这剪得也太短了吧？"徒弟很为难地低下了头，师父立刻解释道："这样显得您更利索、更精神，而且感觉更亲切。"客人听后，开心地付完账就离开了。

当徒弟为第三位客人理完发后，对方既没有说头发太长，也没有嫌弃头发剪得太短，而是在付钱时有些不满地说："理发的时间也太长了，太耽误我办事了。"徒弟很无奈，不知如何应答，师父则立刻笑着回应道："头发也属于'面子工程'啊，为'首脑'要多花一些时间才行。"客人听后面露喜色，满意地离开了。

可徒弟为第四位客人理完发后，他却向徒弟抱怨道："你理发的时间也太短了，如此草率怎么能理好头发呢？"这让徒弟有些心慌，更不知道如何回答。师父听闻，立刻回应道："如今，时间就是'金钱'啊，我们是为了帮您节省钱，希望在最短的时间里给您剪出更好看的发型。您瞧，您既赢得了时间，还获得了好发型，何乐而不为呢？"客人听完，微笑着离开了理发店。

在日常生活中，我们总是会遇到一些让人猝不及防的事情，如果处理不好的话，不仅会让自己陷入尴尬的境地，还有可能引发摩擦和矛盾。此时，如果懂得用巧妙的语言来"打圆场"，不仅能够轻松地摆脱尴尬的处境，让气氛重新变得轻松、活跃起来，还能维持良好的人际关系。上文的师父正是善于"打圆场"，不仅为徒弟化解了一个又一个尴尬的处境，还让客人们满意地离开，所以之后很多人都喜欢到这家理发店理发。

有心理学家指出，在人际交往中，想要获得他人的好感，就要善于使用打圆场之术，即在处理复杂的人际关系时，懂得圆通一些，才能实现高效沟通，避免无效沟通，才能更好地提升自己。从主动的角度来说，打圆场就是在他人出丑时主动为对方救场或是在他人深陷窘境时主动为对方解围，从而让对方下得了台。

清朝末年，有一次，李鸿章去天津出巡，知府为了巴结他费尽了心思，因为他知道中堂大人山珍海味肯定都吃过了，但地方小吃可能没有吃过，所以特意找了一家天津的名品茶汤，并叫老板杨巴为李鸿章献茶汤。

当杨巴恭敬地将茶汤献给中堂大人后，便悄悄退下，垂手立在一边。可李鸿章正准备品尝这天津的名品时，他看了看碗中的茶汤之后立刻皱起眉头，面露愠色，猛地将那碗茶汤打落在地。在场的官员见此都吓蒙了，不知道中堂大人为何会生这么大的气。

站在一边的杨巴见此顿时明白了：因为中堂大人没有喝过这种茶汤，不知道浮在上面的是碎芝麻，以为是碗中落进了脏东西，因此发了这么大的火。可是，杨巴有些为难，如果直接给中堂大人说那是芝麻，不是脏东西，就等于说中堂大人没有见识；如果不解释的话，就等于说自己给中堂大人献的是脏东西，自己不仅要挨板子，也砸了自家店的招牌。

他脑筋转得飞快，突然计上心来，他急忙走上前，跪在地上说："中堂大人息怒，小人不知道大人不爱吃碎芝麻，从而惹恼了大人。请大人不计小人过，饶了小人这次吧。"说完，他立刻磕头求饶。此时，李鸿章才知那些茶汤上洒的东西是碎芝麻，而不是脏东西，是自己太过鲁莽，幸亏这个卖茶汤的人为自己解了围，才保全了自己的面子，他内心很高兴，又不露声色地说："不知者当无罪，虽然我不喜欢吃碎芝麻，但你的茶汤在天津如此出名，应该嘉奖你，来人，赏他一百两。"

在如此严峻的形势下，正是杨巴善于"打圆场"，不仅让自己免于被打或是被罚，还为李鸿章解了围，保全了对方的面子。可见，打圆场在人际交往中是多么重要。

从被动的角度来讲，如果因为自己的失误而让社交陷入僵局中，为了打破冷场的坚冰，化解这种紧张的氛围，及时打圆场就能起到补救的作用，既让自己保持了体面，也没让对方丢面子，让气氛重新变得融洽起来。不过，打圆场并不是没有原则地奉承，更不是自我狡辩，而是在特定的场合中察言观色，及时进行救场。那么，在人际交往中，如何适时地"打圆场"，才能打破尴尬的局面呢？对此，有专家提出以下几点建议：

一是懂得自嘲。在社交场合中，自嘲往往是打破尴尬场面的一种有效方法，也是一个人修养和智慧的表现。自嘲不仅能够堵住他人的嘴巴，争取主动权，还能转移大家的注意力，让社交气氛再度变得活跃。所以，当我们身处尴尬的境地时，不妨适时地自嘲一下，不仅能够消除误解和麻烦，还能拉近彼此的距离，让气氛变得更融洽。

二是冷静。如果遇到意外的事情，我们的情绪过分紧张、激动，就会让我们的思维变得僵化，让自己陷入不利的被动局面中，从而导致局面变得更糟糕。可如果遭遇意外时，我们能够冷静面对，并发挥自己的思维和语言应变能力，不仅可以有效解决问题，还能提升自己的形象，获得他人的认可。

三是幽默。如果我们处于尴尬的场面中，不妨采用幽默的话语来冲淡紧张的气氛，这样不仅能够缩短彼此的距离，还能让他人感觉我们更易接近，也更愿意倾听我们所谈的话题，让尴尬的场面变得轻松起来。

展现自己的亲和力

闻希与麦嘉同属于一个公司，两个人都是部门主管。可不同的是，闻希很受下属的喜欢和尊重，不管是在工作上还是私下里，他都能与下属相处得非常融洽；而麦嘉则与下属的关系非常冷淡，当下属有事找他时，他总是冷冰冰的，私下里也从来不与其他员工一起吃饭、聊天。所以，闻希所带的部门的凝聚力比较强，而麦嘉的部门则比较松散，自然工作效率和业绩也不如闻希的部门。

这让麦嘉很不解，难道闻希在管理上有什么"独门秘籍"吗？因此，麦嘉开始关注闻希在公司里的一举一动。仔细观察一段时间后，他发现闻希不管是在集体会议上还是部门会议上，都是安静地听他人讲话，并在他人讲完之后，热情地参与话题，但在讲的过程中，他不是以自我为中心，而是顾及他人的情绪，善于调动气氛。所以，只要闻希出现的场合，气氛总是非常融洽，很多人都愿意与他交谈。

反观麦嘉，他不管是与领导沟通还是与下属交流，都喜欢过多地表达自己的看法和见解，不愿仔细倾听他人讲话，久而久之，很多下属都不愿与他多谈，只是简单地向其汇报一下工作，而后就会匆匆离开他的办公室。所以，麦嘉在这家公司就职大半年了，很多下属的名字他都记不住，更别提与下属在私下里有接触了。因为对于麦嘉来说，他认为只有做好自己的本职工作才是关键所在。

这时麦嘉才明白，如果不想让无效社交耽误自己，就要懂得在人际交往中完善自己，展现亲和力，这样不仅会让他人乐于与自己交往，还会促进工作绩效的提升。后来，麦嘉开始尝试着改变自己，他与下属的关系逐渐有所缓和，工作效率也有所提升。

所谓的亲和力，狭义概念是指一个人或是一个组织在群体心目中的亲近感，而广义概念则是一个人或是一个组织在群体中所产生的影响。具有亲和力的人会赢得他人的好感和尊重。可是，如果总是向他人展现一副冷若冰霜的面孔，只会拒人于千里之外，造成无效社交，比如上文的麦嘉。一般来说，亲和力是管理者应具备的素质。比如上文的闻希不管是与领导还是其他员工交往，都展现出自己的亲和力，所以才备受大家的喜欢，也促进了工作效率的提高。

其实，亲和力的重点就是对他人亲近，即以平和、耐心、宽容等态度对待每个人。即使自己吃亏，也能坦然地面对；即使被嫉妒、被陷害，也能一笑置之。不仅能够让自己轻松地面对他人和生活，也会让与我们交往的人倍感轻松和舒服。

因此，在日常生活中，如果我们想与更多的人交往，想让更多的人喜欢自己，就要改变自己对待他人的态度，展现自己的亲和力，才会吸引更多的人聚拢在我们的身边，才能让他人更喜欢与我们交往。那么，在人际交往中如何提升亲和力呢？对此，有专家提出以下几点建议：

一是学会鼓励他人，维护对方的自尊心。在当他人身处困境时，我们应该鼓励对方或是发掘对方的潜力，以帮其树立信心，走出人生的低谷和困境。

比如，当得知他人因为字写得不好看而懊恼不已时，我们不妨鼓励对方："如果你能多练练字，那么，你必然会练出自己的风格，而且还有可能在书法大赛中获得大奖。"这会让对方重拾信心，并对我们产生好感，从而更愿意与我们交往。

二是将他人看作自己的"亲人"。如果想让他人感受到我们的亲切，就要努力寻找与对方思想、感情上的共鸣点，保持态度一致，此时，我们不妨将他人看作自己的"亲人"，让对方感受到亲人般的温暖。

比如，在聊天的过程中可以常说"我们"等词语或是以"哥""姐"等来称呼对方，拉近彼此的距离。另外，还可以适度说一些自己家里的私事，让对方感受到我们将其看作"亲人"。例如，美国第 35 任总统肯尼迪在与尼克松进行总统竞选辩论时，很自然地说起了自己家的私事——"我和我的妻子正在等待着生下新的婴儿"，正是因为这句话拉近了他与美国民众的距离，从而取得了最终的胜利。

三是真诚地赞美他人。在人际交往中，展现自己亲和力的方法之一就是经常赞美他人。因为赞美他人的同时，不仅能够拉近彼此的距离，还能为建立良好的人际关系打下基础。不过，这种赞美要凸显自己的真诚，如果太过虚假，只会让人产生反感。

赞美除了语言表达外，还有其他一些方式。比如，我们在与他人谈话时强调自己的快乐是对方带来的，这是一种无形的赞美，更能显现我们的真诚。

四是通过暗示指出他人的不足。暗示往往是一种无声的语言，它有时候比千言万语更有效。比如，一个眼神或是一个手势，抑或是一个微笑，都能含蓄、委婉地表达我们的意思。尤其是在批评他人时，通过暗示来指出对方的不足更有效果。它不仅能够减少我们与他人之间的摩擦，还能发展良性的人际关系。

五是通过"差错效应"来展现亲和力。心理学家建议，在人际交往中，不妨使用"差错效应"来让对方觉得我们比较容易接近。所谓的"差错效应"，是指虽然优秀的人往往具有很强大的人格魅力，但优秀的人偶尔犯些错误则更具有吸引力。因为每个人都难免会出现差错，这使得其他人更容易接近我们，从而增加个人的吸引力。

比如，能力非凡的人在着装时故意露出一丝的凌乱，会让他人感到很亲切；在做事时偶尔出现一些笨拙的举动，可拉近彼此的心理距离；偶尔出一点小乱子，让自己显得更有魅力，也让对方感觉我们更易亲近。

因此，想要在人际交往中建立良好的人际关系，想要与他人高效沟通，不妨在社交中展现自己的亲和力，让自己身上的磁场越来越强，吸引力越来越大，从而结交更多的朋友。

开一个"人情账户"

战国时期，楚庄王带着部下打赢了一场战争，这让他相当开心，特意在宫中设宴款待众将士，以庆祝他们打了这场胜仗。正值天黑，当文武百官都高兴地享受美酒佳肴时，一阵大风将蜡烛都吹灭了，顿时宫殿中一片漆黑。

此时，文武百官出现了一阵骚动，似乎有人在奔走。在慌乱中，楚庄王的一位爱妃突然觉得有人在撕扯自己的衣袖，在一番挣扎后，她拽下了扯她衣袖者的帽缨。然后，她哭着跑到楚庄王那里，让大王追查那个冒犯她的人。可是，楚庄王听完爱妃的哭诉并没有立刻追查冒犯者，而是让文武百官都将自己的帽缨取下来，然后吩咐仆人将蜡烛点燃，继续喝酒庆祝。

三年之后，当晋国进攻楚国时，楚庄王率领部下与敌人交战。在作战的过程中，他发现有一位将士总是不顾自己的安危，冲在最前面。在他的带领下，士兵们的战斗热情被点燃了，个个勇猛冲杀，将晋国军队打得落花流水。

楚庄王打了胜仗非常开心，决定要好好奖励那位英勇杀敌的将军。此时，那位将军才对楚庄王说："其实，在三年前，是臣因为醉酒才失礼冒犯了王妃。可大王当时没有怪罪于我，所以我一直想用自己的生命来报答大王对我的恩情。"

可以说，正是楚庄王为自己建立了一个"人情账户"，才让那位将军以死相报。因此，在人际交往中，我们应该学会送人情、结人缘、适时地向他人施恩，才能更好地开展人际交往，拓展更广泛的人际关系。

秦穆公丢失了一匹战马，这让他非常心急，命令手下全城搜查。手下人找了好久，才在岐山脚下发现有300多个村民抓住了那匹马，并将其分吃了。于是，武士立刻将这些人全部抓了起来，准备将其绳之以法。秦穆公得知这个消息，不仅没有让人责罚那些村民，还为村民送去美酒，并对那些村民说："我听说如果只吃马肉不喝酒的话，会对身体造成损害，所以，你们吃了我的马，我就再请你们喝些美酒吧。"

后来，秦穆公攻打晋国，被晋国军队围困在一个地方。正当他们一筹莫展时，有300个农民拿着武器，为救出秦穆公与晋国士兵拼死作战。而这些人正是当初秦穆公请他们食马饮酒的农民。在这些人的帮助下，秦穆公俘获了晋侯，安全地回到了秦国。

如果我们对他人施恩，自然就会收获人心，一旦我们遇到困难，他人必然会竭尽全力给予帮助。秦穆公正是懂得施恩于百姓，建立自己的"人情账户"，当自己有难时，那些接受他恩惠的百姓才会知恩图报，冒死帮助他。

不过，有心理学家指出，在人际关系中，虽然善于送人情，乐于施恩能够提升自己的人格魅力，让自己获得更广泛的人脉，但如果施恩时过于直白、四处张扬，则会让对方很丢面子，感到脸上无光，从而造成适得其反的后果。

比如，有一位穷人在快过年时因为无钱购买年货而发愁，在一个大雪纷飞的晚上，他向村里的富翁借钱。那天，富翁的心情非常好，便非常爽快地答应对方，借给了他两块大洋，将钱递给他之后还说："拿去花吧，这些钱不用还了。"那位穷人小心翼翼地将钱揣好，急匆匆地赶回家中。在离开时，那个富翁还冲着他大声喊道："不用还了，拿去花吧。"

第二天早上，富翁打开门，却发现自己家门前的积雪已经被打扫得干干净净，连屋上的瓦片也清理了。当他四处打听后得知，这一切都是那位穷人做的。此时，这个富翁明白了：如果施恩时太过炫耀，就变成了施舍，将他人当成了乞丐。于是，他立刻去穷人的家里，让其写了一张借条，穷人见此，反而相当感激富翁。

在日常生活中，我们常常会遇到像富翁那样的人，认为自己帮了他人就高高在上，一种优越感油然而生。这种态度是不可取的，在社交场合中只会引发消极的后果：即使我们帮了他人的忙，也无法建立自己的"人情账户"，反而损害了人际关系，造成无效社交的结果。

那么，如何有效地建立自己的"人情账户"呢？如何向他人施恩呢？对此，有专家提出以下几点建议：

一是帮助他人要自然。在人际交往中，如果我们施恩于他人，又不让他人觉得接受我们的帮助是一种负担的话，就要做得自然一些。即我们在帮助他人时对方可能无法感受到，但是随着时间的推移，对方就会渐渐明白我们对他们的关心和帮助。可以说，这种帮助和施恩效果是最为理想的。

二是送人情时给自己留条后路。著名作家钱锺书先生在上海居住写《围城》时日子过得非常窘迫，于是，他不得不将保姆辞退，让夫人杨绛操持家务。当时，他的文稿没有人购买，所以写小说成了他养家糊口的手段。

此时，黄佐临导演上演了杨绛编剧的几幕喜剧，向他们支付了酬金，才让他们度过了那段窘迫的时光。多年之后，黄佐临的女儿黄蜀芹之所以能够将《围城》拍成电视剧，都是因为她爸爸的一封信。因为钱锺书先生是个他人帮助了自己，他就会记一辈子的人，所以在接受黄佐临的帮助后，他在多年后予以偿还。

虽然黄佐临导演当时并没有想得那么长远，但他的后人却因为他的乐善好施而得到了不小的回报。

三是帮助他人时要注意自己的态度。在人际交往中，如果我们帮助他人时心不甘、情不愿，而且一副很勉强的态度，总认为自己的帮助是"为了他人"，当对方接受我们的帮助却没有反应时，我们必然会非常恼火，认为对方"不知好歹""不懂得感激"。这种态度和想法都是错误的，只会导致我们的社交受阻。

因此，我们在帮助他人时一定要注意自己的态度，高高兴兴地帮助对方，让对方在接受我们的人情时也感到快乐，才能实现高效社交，建立良好的人际关系。

真诚是社交的基石

从前，有一个国王一直没有子嗣，但他的年纪越来越大，所以他想从自己的臣民中选择一位来做自己的王位继承人。为了考验谁能做未来的国王，他做了一个测试，让人发给所有臣民一些花籽，让他们拿去种植，谁种出的花最美丽，谁就能成为王位的继承人。百姓们听后，开心地领了花籽，立刻回家精心种植了，希望自己能够培育出美丽而娇艳的花朵。

其中有一个小男孩将花籽种下去后，每天都精心地呵护它，为其施肥、浇水等，可无论怎么培育，总是不见它发芽。见其他人将花籽种下去后都发了芽、开了花，这让他非常心急和沮丧。

很快，就到了国王规定的日期了，很多人都捧着鲜艳而又漂亮的花朵来到了宫殿里，唯独那个小男孩非常失落地捧着一个空花盆站在国王面前。其他人见此，都对他议论纷纷。这让小男孩更加沮丧了，低着头站在一边。

国王见此，亲切地将他叫到跟前，问他道："你为什么没有种出美丽的花朵呢？"小男孩非常难过，向国王讲述了自己种花的过程。国王一边微笑地听着，一边频频点头。当小男孩说完后，国王拉起他的手宣布道："他就是王位的继承人。"众人听后，一片愕然。

随后，国王解释道："其实，你们所领的花籽都是煮过的，无论怎么种植，永远都不会发芽。可瞧瞧你们手中的花，却开得如此艳丽，肯定是换了花籽种植的，而只有这个小男孩没有种出美丽的花朵，是因为他没有换花籽，用一颗诚心来做事的。而我们的国家需要的正是诚实的君主，才能取信于民，治理好国家。"

真诚是社交的基石，是维系良好人际关系的基本原则之一。只有待人真诚，才能实现高效沟通，避免无效沟通。在南朝范晔的《后汉书》中就有这么一句话："精诚所至，金石为开。"表明以诚待人在社交中的重要作用，真诚的人是最值得大家信赖的，而且为人也是光明磊落的，既忠实于自己，也忠实于别人。

心理学家诺尔曼·安德森曾将 555 个描写人的个性品质的形容词展示给一些大学生，让他们选出最喜欢的词语。结果多数大学生评价最高的品质形容词就是真诚，而评价最低的则是说谎和虚伪。因此，有心理学家指出，待人真诚、做事言而有信是建立良好人际关系的基础，而自私自利、虚伪的人则会导致无效社交，很难取信于人，更无法建立良好的人际关系。

在意大利的罗马城有一座非常著名的雕像，是一位张着大口的老人，似乎在呼喊什么。据说，如果有人将手伸进那个雕像的嘴中，就能测出这个人的为人是真诚的还是虚伪的。如果是诚实的人，他的手就会安然无恙地拿出来；如果是个爱撒谎的人，他的手就会被雕像咬掉。不过，这仅仅是传说，几千年来，从来就没有听说过这座雕像咬掉谁的手。这座雕像之所以存在以及它的传说表明，真诚是难以考验的，正是因为如此，人们才会对真诚非常向往。

在中国传统文化中是十分推崇以诚待人的，孟子曾云："诚者，天之道也，思诚者，人之道也；至诚而不动者，未之有也；不诚，未有能动者也。"这句话的大概意思是说，真诚的人一定会打动他人，不真诚的人则无法打动别人。孔子也曾说："民无信不立。"意思是没有信用就没有立足之地。可见，真诚在为人处世上是多么重要。

北宋著名词人晏殊为人就非常真诚，深受宋真宗的喜欢。当时，他还没有成年就参加了殿试，可他拿到试卷后看了看题目，对皇上说："这个题目我之前就已经做过了，如今的草稿还保存着，请皇上还是换其他的题目吧。"这让皇上非常看重他的真诚和才华。

后来他在朝中做官，有一年，宋真宗让大臣们挑选宴会场所，很多官员都积极参加，寻访宴会场所，趁机吃喝玩乐。可晏殊由于囊中羞涩，所以没有参加这项活动，而是待在家中看书。后来，宋真宗挑选辅佐太子的人选，竟然选中了晏殊。

这让宰相寇准很不解，便向皇上了解原因，真宗解释道："我听闻最近很多官员都在吃喝玩乐，夜夜笙歌，只有晏殊闭门在家看书，如此好学的人，才能够担任辅导太子的职务。"可晏殊听闻这件事后，却向宋真宗坦白道："其实，我并不是不爱吃喝玩乐，只是因为我没有钱去做这些事，如果有钱了，我也会像其他官员那样的。"宋真宗听后更加喜欢他的真诚。由于晏殊懂得为臣之道，所以受到了宋真宗的器重。到了宋仁宗时，他被任命为宰相。

因此，在人际交往中，我们应该真诚待人，与人为善，才能不断地完善自己，建立良好的人际关系。因为每个人都希望得到他人真诚的对待，想要他人真诚对待我们，我们就要主动地真诚对待他人。那么，如何真诚地对待他人呢？对此，有专家提出以下几点建议：

一是要讲信誉。特别是在企业发展中，讲信誉才能获得财富，才能赢得消费者的信任，才能将企业做大、做强。前联想 CEO 柳传志的父亲告诉他："一个人有两样东西谁也拿不走，一个是知识，一个是信誉。"正是父亲的谆谆教诲，让他担任联想总裁时以信誉为经营准则。

在 1997 年香港联想亏损 1.9 亿港元时，在这个危机时刻，领导层却选择将这则亏损消息告诉银行，然后再申请贷款。可这种情况往往是银行最忌讳的，很多人都会先借钱再告诉银行自己的亏损状态，这样比较容易贷到款。可联想却没有这样做，结果却赢得了银行的信任。联想正是依靠信誉获得了社会的信赖，也赢得了巨大的财富。

二是为人坦率。心理学家表示，在人际交往中，如果总是有所掩饰或是有些做作，就会让人产生反感，自然不愿与我们交往。只有为人坦率、真情流露，才能获得他人的信任，才能不断地完善自己的形象。比如，在某些公开的场合中，要敢于承认自己在某方面的不足之处，才能让人们感受到我们的真诚。

管用的"微笑策略"

在一列动车上，一名男乘客烟瘾难耐，他拿起烟想要到过道上去抽。可是，在他站起来时看到车上写着"本次列车是无烟车厢，禁止吸烟"的提醒，所以，他只好坐回座位上。可没过多久，他再次拿出烟，想要去卫生间抽。

此时，一名女性列车员走过来，微笑着对他说："先生您好，本次列车是不允许抽烟的。"听了对方的劝告，那名男乘客不好说什么，只好将拿出来的烟收了起来。可是，列车员还没有走多远，那位男乘客又拿出了烟。列车员见此，再次走到他的跟前，微笑着对他说："先生您好，本次列车不允许吸烟！"男乘客听了，瞪了对方一眼，然后悻悻地将烟放了回去。

可过了一段时间后，当那位列车员走过走廊时，发现那位男乘客在一个角落里一手拿着烟，另一只手拿着火，似乎马上就要点烟了。列车员见此，有些生气了，心想这位乘客怎么明知故犯呢，都提醒他那么多次了，怎么还是不听呢？可她虽然生气，但走到对方跟前时，仍然面带微笑说："先生您好，对不起，本次列车不允许吸烟，希望您能谅解。"

可那位乘客似乎也不耐烦了，他不满地说道："以前坐火车都可以抽烟，为何这趟列车不能吸烟呢？你倒是给我解释一下。"列车员听出对方的不满，但她压制住自己的不快，仍然面露微笑说："因为本次列车是动车，与之前的普通列车不同，由于它的行驶速度比较快，一旦遇到安全事故就会很严重，而且车上装了烟雾报警系统，一旦检测到烟雾，列车就会紧急停车，所以不能在车上抽烟的，还请您谅解。"

那名男乘客看她一直微笑着且耐心地解释，不知该说什么好，最后，他不好意思地说："好吧，我保证不会抽了。"列车员微笑回答道："谢谢您的合作。"

试想，如果列车员表现出不耐烦或是没有微笑着向乘客解释清楚，可能就会有一场争吵发生，自然就会造成无效社交和人际冲突。可列车员在与男乘客沟通的过程中，不管对方多么不耐烦，她全程都是保持微笑，进而让对方接受她的提醒。其实，列车员就是使用"微笑策略"来与对方沟通。所谓微笑策略，就是通过微笑来营造一种融洽的沟通氛围，从而促使事态朝着积极的方向发展，这是人际交往中的基本准则之一。

微笑是世界上最美的语言，也是世界通用的语言，它不仅能够增加个人魅力，还会让人在人际交往中倍感亲切，从而实现高效沟通。因为微笑会让他人感到真诚，会缩短人与人之间的心理距离，而对于真诚示意，人们会更加珍惜，从而更愿意与其交往和相处。正如拿破仑·希尔所说："真诚的微笑，其效用如同神奇的按钮，能立即接通他人友善的感情，因为它在告诉对方：我喜欢你，我愿意做你的朋友。

同时也在说：我认为你也会喜欢我的。"

有两名应聘者去一家刚成立没多久的公司面试，第一个面试者看到公司设施还不够完善，不禁有些不满意，脸上也露出嫌弃之意，面试官见此就不想与其深谈；而第二个应聘者却没有在意这家公司的外在环境，认为这是一个难得的机会，自己要好好把握，所以他全程都是微笑着回答面试官的问题。结果不言而喻，第二位面试者通过了面试。其实，这家公司非常有实力，这个办公场所只是新开的分公司，目前正处在完善阶段，而第二位应聘者因为微笑获得了不错的机会。

可见，善于运用微笑策略总是会让我们获得意想不到的结果。美国著名推销员富兰克林·贝特格就因为善于微笑而受益良多，他曾表示，面带微笑的人总是备受他人的欢迎。所以，他每次与他人见面时，都是带着微笑与对方沟通。

有心理学家指出，在人际交往中，最简单、最有效的沟通技巧就是微笑。当双方处于对立的矛盾状态中时，微笑能够避免双方产生激烈的对抗，能将缓和对方感受到的攻击性，从而改善彼此的关系；微笑还能拉近人与人之间的距离，让原本不熟悉的人因为微笑而相识、相知。

最近，小黄家对门搬来一个女生，上下班时，她经常会遇到对方。起初，小黄一直想主动与那个女孩打招呼，但她担心自己如果打招呼对方不回应，未免太尴尬了，所以好几次，她都是话在嘴边又咽了下去。

有一次，小黄下楼买东西时正好在电梯口遇到那个女生。此时，对方正在电梯口等电梯，而且视线也看向了小黄，于是，小黄犹豫了几秒后微笑着点了点头，以向对方打招呼。那个女孩见此，也露出微笑回应了小黄，两个人进了电梯后你一言我一语开心地聊了起来。

后来，小黄才知道对方也很想认识自己，但是每次看到小黄面露严肃神情，担心被拒绝就不好意思先开口说话。那天看到小黄对她微笑，顿时感到彼此的距离拉近了，随即报以微笑，回应小黄。很快，小黄便与那个女孩相处得不错，经常一起外出逛街。

可见，微笑在社交中是最有魅力的。如果一个人的脸上经常挂着真诚的微笑，那么，此人的内心必然非常热爱生活。所以，我们应该让微笑成为一种习惯，而不是让面无表情造成无效社交。不过，微笑虽然看似简单，但也要讲究一定的技巧。那么，如何用好微笑策略呢？对此，有专家提出以下几点建议：

一是在人际交往中要自然、真诚地微笑。发自内心的微笑看起来会更加自然、真诚、亲切，才会让对方内心感到温暖，才会让人容易接受。所以，心理学家建议，在人际交往中不要为了笑而笑，更不要没笑装笑，这样很容易被人辨识出来，自然不利于沟通。

二是微笑要恰到好处。有专家表示，虽然微笑在人际交往中表示一种礼节和尊重，但并不建议时刻都保持微笑，而是要做到微笑得恰到好处。比如当他人发表意见时，我们可以一边听一边不时地微笑。如果我们不注意微笑的尺度，笑得有些过分、没有节制，则会引起他人的反感，适得其反，造成无效社交。

三是微笑要分场合。虽然微笑能够让我们在人际交往中受到欢迎，

会让他人感到心情舒畅，但对人微笑也是要分场合的，否则就会适得
其反。比如，当我们参加比较庄严肃穆的集会或是讨论重大的政治问
题时，微笑就有些不合时宜，甚至让人反感。因此，微笑时一定要分
清场合。

告别无效社交，练就高情商

在负面的事情面前如果不管理好自己的情绪，只会丧失判断力，不仅无法解决问题，反而会让局面变得更糟糕。如果在人际交往中我们不想造成无效社交和人际矛盾，就要学会管理自己的情绪。

管理好自己的情绪

邹靖的女儿今年上初二了，本来女儿的成绩不错，在班里一直都是前十名，可最近她发现女儿越来越不爱学习，却将大部分时间花在打扮和玩手机上。这让邹靖很生气，因为她与老公离婚多年，一直都是她自己辛苦供养女儿上学的。

周末，女儿在家不好好做作业，总是在房间中一边玩手机，一边对着镜子装扮自己。这让正在收拾房间的邹靖气不打一处来，她气急败坏地走到女儿跟前，不容分说地将她的那些化妆品都丢进了垃圾筒，更指责女儿说："你看你多不像话，十几岁的孩子不好好学习，总是将时间花在这些无谓的事情上，你对得起每天辛苦工作的妈妈吗？"女儿不仅没有被妈妈的气势吓倒，反而辩解道："现在学校里的女孩子谁不打扮啊，谁让你这么辛苦了？我又没有强迫你。"

听到女儿如此不理解自己，邹靖更加气愤了。之后，她又对女儿一顿训斥，但女儿不仅没有听进半句话，还与她不停地争论。邹靖本来打算与女儿去超市逛逛，最终也没有逛成，两个人在整个周末都处于冷战阶段，互不搭理。

后来，邹靖了解到，女儿现在的年纪正处于青春叛逆期，越是让她不要做某件事情，她就越不听劝阻地去做。同时，她也反思自己的行为很不妥，与女儿沟通时不能靠训斥、指责，而是要与其心平气和地交谈，可自己却无法管理好情绪，对其大喊大叫，自然，处于叛逆期的女儿也不愿与自己平心静气地沟通。

于是，她尝试着改变自己与女儿的交流方式，采用一种温和而又坚定的态度来开导对方：追求美是大多数女孩子的天性，玩手机也是可以的，但不能占用大部分精力和时间，而是要在作业完成后再去玩。不仅如此，邹靖也开始学习化妆，并与女儿分享哪种装扮更好看。在假期母女俩出行时就会化个淡妆。慢慢地，女儿的成绩逐渐有了提高，邹靖与女儿也像朋友那样相处得越来越融洽，女儿有什么事都愿意与她说。

在日常生活中，我们总是会遇到各种不顺心的事情：与交往多年的恋人经常因为一点小事而吵架、公司因发展情况不好而导致个人福利减少、孩子调皮不爱学习……都会让我们陷入颓丧、不满、忧愁等不良情绪中，如果很多事情堆积到一起，就会感觉自己快要陷入"发疯"的状态中，或是管理不好情绪，与家人、同事等发生争执。

对此，专家表示，在负面的事情面前如果不管理好自己的情绪，只会丧失判断力，不仅无法解决问题，反而会让局面变得更糟糕。如果在人际交往中我们不想造成无效社交和人际矛盾，就要学会管理自己的情绪。

著名的文学家胡适非常喜欢看书、买书，可以说是嗜书如命。可是，他的太太却对他经常买书有所不满，而经济大权也都掌握在太太手中。所以，胡适每次买书最让那些书商感到头疼，因为他们不知道如何说服胡太太爽快地将书钱付了。

可对这件事，胡适却并没有感到不安，也没有对太太表达不满，而是四处向他人说自己比较"怕太太"，并将"怕老婆"当成口头禅，还收集一些其他名人"怕老婆"的故事。他这样做让太太特别有面子，所以，太太也不好太为难胡适。后来，当胡适买书时，虽然太太付钱有些不爽快，但也没有让那些书商空手而归。

可以说，胡适之所以与太太相处融洽、和谐，就是因为他懂得管理自己的情绪，不与太太起争执。不仅如此，在与其他人相处上，胡适也有自己的一番见解，他曾说："我受了十余年的骂，从来不怨恨骂我的人。有时他们骂得不中肯，我反替他们着急。有时他们骂得太过火了，反损骂者自己的人格，我更替他们不安。如果骂我而使骂者有益，便是我间接于他有恩了，我自然很情愿挨骂。"

那么，在人际交往中我们如何才能管理好自己的情绪呢？如何练就高情商呢？对此，有专家提出以下建议：

一是学会观察情绪。有心理学家表示，如果不良的情绪无法疏导，只会对我们的身心造成消极影响，从而影响人际交往的顺利进行，造成无效社交，破坏自己的人际关系。所以想要管理好情绪，首先就要学会观察情绪，及时发现自己出现的负面情绪，并尝试主动走出消极情绪的怪圈，即用耐心来疏导自己的情绪，适当地表达、管理情绪如同治水，宜疏不宜堵。久而久之，我们就能管理好情绪，培养自己的高情商。比如，可以向亲近的人倾诉或是用安抚的语气对自己说"这件事情并没有自己预想的那么严重"之类的话。

二是调整好作息时间。心理学家经过研究发现，很多人之所以会产生不良情绪，有很大一部分原因是身体过于劳累，没有得到充分的休息，由于身体困乏，所以导致情绪波动很大。因此，如果作息时间不规律，要及时调整作息时间，避免情绪出现大幅度的波动。

三是学会独处。有些人总是称自己平时太忙了，根本没有时间静下心来独处。其实，要想管理好自己的情绪，就要尝试着让自己独处，通过自我进行能量转换，即自己哄自己开心，调整自己的情绪。比如，给自己一个空间，做一件自己感觉非常舒服、轻松的事情，从而让自己充满动力，远离那些不良的情绪。

四是与人沟通放慢思考速度。心理学家指出，大多数人在沟通时之所以会产生不良的情绪，是因为他们太着急发表自己的意见和看法。所以，与人交谈时如果能够放慢思考速度，我们所做出的反应也会更完美、更客观，这样不仅能够管理好自己的情绪，也是练就高情商的方法之一。

五是不随意打断他人的讲话。与他人沟通、交谈时，如果他人提出不同的意见，我们不要随意打断对方，而是让对方将话说完，如果我们随意打断的话，会造成他人产生负面的情绪，而情绪是会传染的，也会影响我们的情绪，从而导致社交受阻，影响彼此的关系，造成无效社交的结果。因此，心理学家建议，当听完他人的意见或看法后，我们再提出改进的观点和建议，并且在沟通时要优化自己的习惯用语，以他人更容易接受的方式进行沟通。

说话要把握好分寸

有一个人邀请很多朋友到家中做客，可时间都已经过去很久了，还有不少朋友没有到来。主人站在门口左顾右盼，心里非常着急，便随口说了一句："怎么回事儿呢？该来的朋友怎么还不来呢？"这话被一些敏感的人听了后，心里不禁犯起了嘀咕：该来的没来，看来我们是不该来的啊。于是，他们趁主人张罗其他事情时悄悄地离开了。

当主人回过身来发现竟然走了不少客人，这让他更加着急了，直接说道："哎，这是怎么回事儿呢？怎么不该走的客人都走了呢？"此时，剩下的一些人坐在那里听到主人的话，心里不禁想：原来走的都是不该走的，那我们这些没有走的人肯定就是该走的了。于是，几个人互相使了眼色，就默默地离开了。

最后，主人家只剩下一个与他关系比较近的朋友，看到这个场面，对方就劝说主人道："你在说话前怎么不考虑一下呢？俗话说得好'覆水难收'，说过的话犹如泼出去的水，很难再收回来了啊。"主人听了，立刻向那位朋友解释道："实在是冤枉啊，我的意思并不是叫他们走啊！"朋友听了，不禁很恼火地说："你不是叫他们走，难道是叫我走吗？"还没等主人回答，朋友就气呼呼地离开了。

与人交往，最重要的就是好好说话，而说话有分寸更是一门艺术，也能体现人们的高情商。而上文宴请客人的主人却因为说话没有分寸、不会好好说话，让在场的朋友纷纷离席，甚至连与他关系不错的朋友也得罪了。可见，说话不注意分寸不仅得罪人，还会导致无效社交的后果。

孔子曾说："可与言而不与之言，失人；不可言而与之言，失言。知者不失人，亦不失言。"这句话的意思是说，有些人可以与他人说真话，但往往会担心得罪人而没有对对方说，这是对不起他人；有些人无法与他人说真话，却总是对对方掏心掏肺，不仅浪费口舌，而且还容易得罪人；而真正有智慧的人，既不会失掉朋友，也不会说不该说的话。

在社交场合中，如果想要维持良好的人际关系，就要做到"不失人，亦不失言"，即说话注意分寸、会说话。这样不仅能够博得他人的好感，建立良好的人际关系，还会被人称赞高情商，避免无效社交。

在一期访谈节目中，当主持人金星采访杨幂时，问了她一个比较尖锐的话题：与她齐名的四个小花旦中，谁动的刀比较多？这个问题是相当犀利的，也是非常棘手的话题，因为对于很多女明星来说，整容是相当敏感的问题，即使有的人整了容，也不会在媒体面前公开承认。而对于杨幂来说，如果不正面回答主持人是很不礼貌的，但如果回答得不好的话则会得罪一些人，从而让自己处于非常尴尬的境地中。

而杨幂在听完金星的问题后略微迟疑了一下，微笑着回答："应该是我吧。"她的话音刚落，场内的观众一片哗然。可杨幂却接着说，因为自己生了孩子，肯定会动过不少刀。她的回答获得金星的一番赞赏，也赢得了观众的掌声。

在娱乐圈中，如果说话不注意分寸、不会好好说话，很难左右逢源，特别是在媒体的狂轰滥炸中，更应注意自己的言辞。这不仅考验明星的随机应变能力，也体现其情商高低。

黄渤是公认没有颜值的一个明星，虽然没有背景，却凭借精湛的演技在鱼龙混杂的娱乐圈中混得风生水起。其实，除了演技外，他的说话之道更是被媒体多番赞扬。

有一次，有记者采访他时提问道："你的成就是否超越了葛优？"可黄渤很快回答道："这个时代不会阻止你自己闪耀，但你也覆盖不了任何人的光辉，我们只是继续前行的一些晚辈。"他的回答可谓是不卑不亢，既没有贬低自己，也对前辈恭敬有加，从而获得了众人的赞扬。很多网友看到这段采访纷纷表示"人丑脑子好，转得快""真正见识了什么是语言能力"。

在社交场合中，高情商的表现并不是一味地迎合他人，而是在言谈举止中掌握分寸，既表达了自己的想法，也照顾到他人的情绪，才能维持人际关系，才能实现高效沟通。

在日常生活中也是如此，与人交谈时如果我们讲话注意分寸、会说话，不仅能够让他人听着舒服、自在，还能让彼此的关系更融洽。

周末，小李带着女朋友回家，正好家中来了几位亲戚。有些亲戚见了小李的女友，纷纷夸"这女孩子长得真漂亮""你儿子真有眼光啊"等一些客套的话。此时，小李的一个阿姨却看着小李和他女友说："这孩子跟他爸爸真像，真是会挑人啊。"这样一句话让小李的爸妈以及小李和女友都非常开心。

那么，在人际交往中如何说话才能把握好分寸呢？需要注意哪些问题呢？对此，有专家提出以下几点建议：

一是注意说话的场合。如果在说话时不注意场合信口开河，想到什么就说什么，这是不会说话的一种拙劣表现。比如，在一个宴会上，某个人在酒桌上说起对某学校校长的不满，还说了一些攻击对方的话。等他说完之后，一位女士问对方："你是否认识我？"那个人摇了摇头。女士回答道："我是你说的那位校长的妻子。"那个人顿时感到很尴尬。可女士非常有涵养，没有当面指责那个无口遮拦的人，但之后，她与对方也不会有什么来往了。

因此，心理学家建议，与人交往时，在不同的场合，面对不同的人、不同的事要用不同的方式说话，这样才能实现高效沟通，才能练就高情商。

二是说话时要注意一些谈话禁忌。人际学家指出，在与人沟通、交流时，尽量不要谈及自己或是他人的健康状况；不要总是谈论金钱，会让他人觉得我们俗不可耐；不要谈论有争议性和敏感性的话题，比如宗教信仰、政治等，以免陷入僵持的状态中；在谈论公事时尽量不要谈及个人的不幸，这样会让对方感到很为难，不知道是该表示同情还是说一句"真不幸"，再接着讨论公事。

三是说话时懂得随机应变。随机应变往往体现出个人对矛盾的感受能力以及变通能力，这就要求我们在人际交往中善于发现问题，根据事态的变化做出调整，采取灵活的应变策略，才能在身处窘境时机智地化解尴尬，解决问题。

比如，一位客人在一家饭店吃饭，当他点的龙虾上来时却发现龙虾少了一只虾螯，于是，他就叫来服务员问明情况。服务员也无法回答上来，只好将饭店的经理叫来。经理了解情况后很抱歉地说："不好意思，龙虾一向比较凶残，可能您点的龙虾与其同伴打架时被咬掉了一只虾螯。"客人听闻，巧妙地回答道："那就请你给我换一只打胜的龙虾吧。"

要原谅他人的过失

有一天，拿破仑带领军队在一个小镇的附近宿营。这个小镇以盛产葡萄著名，有很多葡萄园。在夜里，有一个士兵因为口渴找不到水，悄悄地走到一个葡萄园中，顺手摘了一大串葡萄，津津有味地吃了起来。

第二天早上，主人起来时发现葡萄园中有很多葡萄皮，立刻推断出是那些士兵偷吃的，于是他找到拿破仑，很生气地对他说："你的士兵竟然偷吃我的葡萄，请务必查出来是谁做的！"起初，拿破仑还不相信，因为自己所带领的士兵向来纪律严明。可当他与主人走到葡萄园中，看到满地的葡萄皮才相信。他立刻向对方赔不是，并拿出钱来赔偿对方，主人才不再生气。

拿破仑在回去的路上非常气愤，他想：自己的士兵怎么能做出这种事，在查出来是谁干的后一定要严惩。可到了宿营地，他冷静地想了想，当前正是用人之际，对一个士兵处罚是小事，但会影响其他士兵的士气。同时，他也想到，士兵们跟着自己连年打仗，受尽了各种苦难。来到这个地方，见到诱人的葡萄，自然有些馋，一时没有管住自己的嘴，也情有可原。

想到这里，他决定不再严惩那个偷葡萄的士兵，而是在早上操练时对士兵们说了一句："昨天晚上可能有人太渴了，在没有经过长官的批准，也没有向葡萄园的主人打招呼的情况下便摘了葡萄吃，这是违反军纪的。今早，葡萄园的主人已经来找我了，而且我已经向对方赔礼道歉，并赔偿一定的钱，所以对方已经原谅我了。我希望从今往后这类擅自拿他人东西的行为不会在军队中再发生。"说完，他就宣布操练结束了。

可当天中午，那位被偷的葡萄园主人竟然拎着满满一篮子葡萄来到了宿营地，并对士兵们说："你们真是太幸运了，有这么一个像爱护自己孩子一样爱护士兵的长官。"拿破仑对主人表示感谢，并拿钱给他，可葡萄园主人却不愿收。此时，拿破仑坚决地说："我的部队从来都不会无偿接受他人的东西，这是军规，请不要破坏我们的规定。"但主人却问："既然有军规，那你为何不处罚那个偷吃葡萄的士兵呢？"拿破仑回答道："这些士兵都是跟着我出生入死的，而且他们向来非常优秀，如果拿一点小事来衡量一个人的功过对错，未免有些小题大做了。"

在场的士兵们听了都非常感动，而那位偷葡萄的士兵也勇敢地站出来，向拿破仑敬了军礼，然后说道："我是因为口渴找不到水而偷吃葡萄的，请以军规来处罚我吧。"拿破仑见此很开心，他微笑着拍着对方的肩膀说："这一次我就原谅你了，以后决不允许有第二次。"那位士兵感激地点了点头，然后转身对葡萄园主人说："对不起，是我偷吃了葡萄，我愿意加倍赔偿。"葡萄园主人回答道："你的长官已经赔偿了，现在我是来把钱还给你的长官的。"说完，就要将钱递给拿破仑，但拿破仑没有要。

之后，那位偷吃葡萄的士兵一直忠心耿耿地跟着拿破仑，每次作战他都冲在最前面，立下了不少战功。

在与人交往的过程中，最易造成无效社交局面的词语就是"你错了"，它可能不仅会带来一场争执，还会导致朋友变成对手、情侣变成仇人。因此，心理学家指出，当与他人相处时要提醒自己，与我们交往的人并不是度量不凡的圣人，而是可能带有偏见和虚伪的常人。圣人虽然能够谦虚地接受他人的批评，但常人却做不到。因此，我们要学会原谅他人的过失，用爱心来帮助他人，这往往比指责"你错了"产生更好的效果，更能练就我们的高情商。

有心理学家指出，原谅他人其实是在提升自己，练就自己的高情商。如果是不相识的人犯了错，让我们蒙受损失，也要学会原谅对方，因为每个人都避免不了出错。

南非前总统曼德拉被关押了 27 年，而且受尽了看守的虐待。可后来他成了总统后，却将曾虐待他的三个看守接到了现场，并起身恭敬地向他们致敬，这让在场的所有人都安静下来。此时，曼德拉说："当我走出囚室，迈过通往自由的监狱大门时，我已经清楚，自己若不能把悲痛与怨恨留在身后，那么我仍在狱中。"

有位哲学家曾说过："堵住痛苦的回忆激流的唯一方法是原谅。"可对于普通人来说，原谅他人并不是一件容易的事，在很多人看来，原谅他人所犯的错似乎不符合自然法则，而我们的是非观也告诉我们，人们应该为自己所犯的错承担责任。可有时候，我们不妨换个角度想想，原谅他人不仅能够治疗我们内心的创伤，更能维护好彼此的关系。

原谅能够让人放下仇恨。在日常生活中，很多人或多或少都遭遇过不平等的待遇或是心灵上的创伤，从而会对那些伤害我们的人产生不同程度的怨恨情绪。可是，如果我们想通之后，就会觉得不值得为这种人或是这种事而生气、难过，因为只有原谅了对方才会让过去的创伤翻篇，才能让我们走向新的生活。

张璐是一位中学教师，工作认真，教学方法也很独特，本来她以为这次职称评选肯定会有她，因为她曾主动申请过。可学校的教务主任却在提交的报告中说她工作不负责，并批评了她的诸多不是。最终，张璐不仅没有被评选上，还遭到学校领导的批评。后来，张璐知道了是主任从中作梗，这让她对主任相当痛恨。可最后张璐还是想通了，她不想因为这种人而让自己每天都生活在怨气中，所以，她尝试原谅对方，放下心中的仇恨，开始新的生活。

原谅他人是心智坚韧的表现。当他人对我们造成伤害后，如果我们不选择原谅对方，而是心中充满仇恨，不仅有损我们的身体健康，还会影响自己的生活。因此，有心理学家表示，原谅他人所犯的过错并不是一种软弱的表现，而是心智坚韧的象征，因为长久的怨恨无法抚平内心的伤痕。

有位运动员本来在田径场上表现得非常出色，还拿过多次冠军，但不幸的是，在一次车祸中他失去了双腿。之后，漂亮的妻子也离他而去，这让他相当怨恨，每日都沉湎于痛苦和愤恨中。但后来他终于想通了，开始尝试着原谅妻子，因为他深知如果每日都这样度过的话，对自己的健康和生活没有任何帮助，所以他选择忘记过去，原谅妻子的过错。

俗话说："人非圣贤，孰能无过？"其实，原谅他人的过失，也是在释放自己的内心，练就自己的高情商，这样我们才能收获更多的快乐。

示弱也是社交技巧

在古代阿拉伯国家中，有一个名叫列依的小国，这个国家的国王去世后，国事都由王后斯塔掌管和负责。此时，其他比较强大的国家都对列依这个小国虎视眈眈，想要借此机会将其纳入自己的统治区域中，而其中最有野心的就要数苏丹国的国王玛赫穆德了。

有一年，玛赫穆德派一个使者到列依，说是前来访问，其实则是恐吓斯塔。那位使者对王后斯塔说："在你们的国家中必须在钱币上刻上我们国王玛赫穆德的头像，还要对他俯首称臣，否则，他就会率领军队来攻占列依。"斯塔听了使者的来意后，没有表现得很受惊吓，而是略微思考了一会儿。

而后，她对那位使者说："请你回去转告你们的国王，如果我的丈夫还活着的话，你们可以率军来攻打我们的国家。可现在，我的丈夫不在了，而是由我执政。在我看来，你们的国王玛赫穆德是一个英明睿智的领导者，断然不会用武力来征讨一个女流之辈所领导的国家。不过，如果你们真的要率军前来攻打列依，我也不会临阵逃脱的，而是会带领我们的子民迎战。结果必然是一胜一败，没有任何调和的余地。如果我带领列依子民打败你们国家，我会向世界宣告：打败了如此强大的领导者玛赫穆德。可是，如果你们国家取得了胜利，人们只会议论'他只不过打败了一个女人而已'。所以不会有人对你们的国王歌颂赞美的，因为打败一个女人，实在没有什么可夸耀的。"

当玛赫穆德听了使者所转述的话后非常震惊，决定在斯塔执政期间不对列依动用任何武力。

其实，列依的王后斯塔正是利用了自己的性别角色，懂得向强大的苏丹国王玛赫穆德示弱，让对方不好意思与一介女流争斗，否则只会沦为他人的笑柄。试想，如果斯塔采用强硬的态度来回应对方，可能不仅会让苏丹国王感到愤怒，还会血洗列依国。

有心理学家表示，对于女性来说，柔弱是与生俱来的优势，更是一笔难得的财富。聪明而善于交际的女性往往懂得用恰当的柔弱来作为自己的"武器"，从而让自己在社交中无往不利。

美国哲学家杜威曾说："人们最迫切的愿望，就是希望自己能受到重视。"而向他人示弱能够让对方感到自己受到重视，增加自己被人喜爱的程度，这既是社交的一种策略，也是一种智慧。心理学研究发现，在一定的范围内，人与人之间的相互信任和接纳程度是与彼此间的相互暴露程度成正比的。只有适度地示弱，适时地暴露出自己的弱点，才会拉近彼此的心理距离，增加接纳性。因此，在人际交往中，适时地示弱不仅能够疏通人际关系，还会让彼此的沟通更加顺畅。

适时的示弱能够获得他人的好感和认同，拉近彼此的距离。心理学家表示，如果在人际交往中太过强势，往往会让人难以靠近，也会引起他人的反感，所以即使自己再强，也要学会在适当的时候隐藏自己的锋芒，懂得适时的示弱，才能获得他人的好感和认同。

何冰和李蕾是某公司的职员，两个人入职同一部门，可工作一段时间后，两个人在公司中却出现很大的反差。何冰做事一向干练、高效，在工作中她就像一台开足马力的机器，充满了干劲，不管面对何种问题和困难，她都会竭尽所能去解决，从来不会有求于人，如同一个超人般。所以，久而久之，她给同事的感觉如同她的名字一样冰冷，让人难以接近。

而李蕾与同事交往时则柔声细语，有困难时就会求助于其他同事，当得到他人的帮助后，她会真诚地感激对方。看着她一副柔弱的样子，很多同事都喜欢帮助她。在工作中做错事时，她会一脸愧疚地看着对方，让对方都不忍责怪她。所以，在公司没做多久，李蕾就与其他同事相处得很融洽。

在自卑者面前适时地示弱能够唤起他人的自信，从而让对方心存感激。有些人之所以会感到自卑，是因为只看到自己的短处和缺点，而看不到自己也有别人不具备的优势。所以，当我们与自卑者交往时不要一味地彰显自己的长处和优点，那样只会加深他人的自卑感，而应该懂得适时地示弱，从而让对方换个角度看自己，让其在获得自信的同时对我们心存感激。

肖佳是某刊物的作者，在一次刊物举办的作者聚会中，当她与其他人交谈时得知很多作者都是高产作家，稿费相当高，而自己的所发表的文章和收获的稿费却屈指可数。这让她感到相当自卑和失落，独自找了一个偏僻的角落，默默地坐了下来。

此时，有一位作者认识肖佳，也曾看过她发表的文章，她走到肖佳的身旁与其交流起来。但她并没有讲自己发表了多少文章，也没有提及自己的稿费，而是在与肖佳交谈时说："我曾读过你的文章，感觉你在写文章时文笔非常细腻，我在这方面就做不到，以后我可以称你为老师，可要不吝赐教啊。"肖佳听了，立刻感到自信心上升，临走时她对那位作者感激地说："谢谢你对我的肯定，这让我受益匪浅，我以后会在这方面更加努力的。"

在嫉妒者面前适时地示弱能够减少对方的妒意，改善彼此的关系。在社交场合中，我们常常会遇到一些喜欢嫉妒他人的人，当得知自己的同学或是朋友比自己强很多时，就会产生妒忌的心理。对此，有心理学家表示，与嫉妒者相处时，如果发现对方疏远我们是因为嫉妒，此时，不妨适时地示弱，这样不仅能够让对方的心理平衡一下，也会自发地减少妒意，从而改善彼此的关系。

小马在大学毕业后并没有像其他同学那样找工作，而是自己创业，没想到，几年之后他赚得盆满钵满，比之前的同学都混得好。可他慢慢发现，以前与他关系不错的同学却逐渐疏远他，几乎不再与他交往。

后来，他得知那些人是心存嫉妒，于是，他找了个机会将几个好友邀出来聚一聚，在喝了几杯酒之后，小马对他们说："你们不要看我现在混得比较好，挣了一些钱，但商场如战场，说不定哪天我就会因为生意失败而变得穷困潦倒，哪像你们有稳定工作的人，没有这份担心和忧虑。"听了小马的一番"示弱"言辞，几个朋友认为小马虽然混得不错，但并没有看轻自己，所以心理逐渐平衡，之后，他们与小马的关系也有所改善。

可见，在人际交往中，适时地示弱能够让他人获得一种"胜利感"，赢得对方的肯定和认可，增强自信，实现心理上的平衡，从而让沟通更加顺畅。

抓住对方心理弱点

公元 223 年，刘备在白帝城去世，在临终前他将蜀国的大业和自己的儿子托付给诸葛亮。当刘备去世的消息传开后，南方的一些部落和地方势力开始蠢蠢欲动，特别是一个名叫孟获的少数民族首领也举兵反叛蜀国。而在当时，诸葛亮正计划攻打关中，而且已经筹划很久。此时，他听闻孟获反叛蜀国，便决定先征讨孟获，以免自己在攻打关中时背后遭到袭击。

当诸葛亮准备去南方征讨孟获时，马谡为他送行并献计说："西南地区地势较为险要，而且距离朝廷也很远，长期缺乏管束。如今，丞相要率领大军前去讨伐他们。可是，如果日后您一旦离开，他们又会起兵反抗的，所以，我认为想要真正收服他们，攻城是下策，攻心才是上策。如果这次能够让他们真心臣服于我们，日后他们才不敢挑衅，我们才能专心进攻关中。"诸葛亮听后深表赞同，心中已经有了一个计划。

当诸葛亮率领军队到达叛乱地区时，发现孟获在当地很有威望，而且老百姓都非常尊敬他。因此，他下达了"活捉孟获"的命令。随后，他让部队分三路夹击叛军，结果虽然孟获拼死抵抗，但也于事无补，被蜀军擒获。孟获本以为自己被抓后必死无疑，不料诸葛亮却亲自为其解绑，并带着他参观蜀军的军营，问他认为蜀军的战斗力怎么样。

孟获在看完蜀军的阵营后暗暗记下其阵势，然后不以为然地对诸葛亮说："我之前没有摸清楚你们的虚实，所以才败下阵来。如今，我看了之后也不过如此，下次必然会打赢你们。"诸葛亮听完之后微笑着说："如果你是这样想的，那我就放你一马，我们再打一次，你可要做好准备。"

孟获回到军营后马上重整旗鼓，准备偷袭蜀军。不过，他并不是诸葛亮的对手，因为诸葛亮早就洞悉了他的计划，已经派人埋伏好等待他前来。果然，孟获再被擒获了。但诸葛亮看他仍然不服气，就又将其释放了。

就这样一抓一放重复了七次，每次孟获都说是自己失误，就是不肯认输。在诸葛亮第七次抓住他后，正准备再次将其释放时，孟获却不愿走了，而是感动地跪在诸葛亮面前说："丞相对我七擒七纵，已经是仁至义尽了，我从心底里感到服气，以后我绝不会再造反了。"

孟获不仅没有再造反，还说服其他部落放弃反抗，之后，蜀国南方恢复了往日的平静，而诸葛亮在离开时也没有在那里派驻一兵一卒，还是按照原来的模式管理地方。之后，诸葛亮便没有后顾之忧，专心讨伐关中了。

其实，诸葛亮在第一次擒住孟获时便可以将他杀掉，平定叛乱后即可班师回朝，但为何他浪费那么多时间和精力来反复抓、放孟获七次之多呢？这是因为诸葛亮明白，只有从心理上征服对方才是真正的胜利，他想通过"七擒七纵"之举来让对方终生不再有反叛之心。

诸葛亮所采用的战术就是攻心术，即抓住对方的弱点，攻其心志。简单来说，就是采用心理战术来动摇对方的意志。在人际交往中，使用攻心术，抓住对方的弱点，采取有针对性的沟通策略，不仅能够实现高效沟通，还能练就我们的高情商。

有一名大学生去一家手机店购买手机，由于店中的手机品种非常多，再加上他所带的钱并不是很多，所以，他在手机店中徘徊了很久。此时，一名店员似乎看出了他的心思，便走上前对他说："我知道你很想买一款价格合理的手机，但买这种东西需要慎重考虑一下，我先给你介绍几款价格差不多的，然后你去其他店比较一下。俗话说得好'货比三家'，这样你就知道选择哪款了。"

那名大学生听了对方的介绍后就去其他店看了看，但没过多久，他再次回到第一家手机店，并且毫不犹豫地买了一款店员为其介绍的手机。其实，他到其他手机店查看和比较后并没有得出什么结果，但在心理上却对那位劝告自己的店员产生了信任感。

可以说，那位店员正是采用攻心术来抓住大学生的心理弱点，从而不战而屈人之兵。如果店员一味地说"我不会骗你的，你买下试试看"之类的话，那名大学生可能就不会听信他的话。正是店员的攻心策略打动了大学生的心，才拉近了他与对方的心理距离，从而成功让对方买下手机。

台湾有一位很有名的"讨债专家"曾表示，在这个世界上有三种人的债最难讨，即政客、警察、黑道，但他都有办法讨到，是因为他深知对方的弱点：对于政客而言，他们最担心的就是丑闻；而警察则是害怕被告；黑道则最忌讳人情。只要掌握这些人的弱点，他就能将他们所欠的债讨回来。

可以说，在社交场合中，想要实现高效沟通，避免无效社交，就要善于攻心，抓住对方的弱点。比如，在《西游记》中，如来佛是依靠武力来降服孙悟空的，但没有收服他的心。而唐僧却懂得攻心，在孙悟空最需要的时候伸出援助之手，让其脱离苦海，帮其摘去头顶上的树枝，让他感受到了温暖，为其连夜缝制虎皮裙，再次让他感动满满。结果，唐僧的法力虽然远远不如孙悟空，但孙悟空却甘愿俯首称臣，保护唐僧。同时，唐僧也善于抓住他的软肋，用紧箍咒来制约他。

特别是在职场中，领导想要真正收服员工，就要懂得采用攻心术，善于抓住对方的心理弱点，即在充分了解员工的基础上，有针对性地找对方沟通，表扬其优点，精确打击其心理弱点，之后再给予情感上的关怀和生活上的关爱。

高枫是某家公司的创意总监，他总是有很多想法，所以领导对他非常青睐。不过，他的弱点是总将事情想得过于理想化，并且不愿听取他人的建议和想法。

有一次，高枫拿着一份项目计划书找到领导，声称这个项目执行的话能够赚到 50 万。可领导看完计划后，估计最多也就能赚 10 万左右，但执行起来却会遭遇困难，根本行不通。但领导知道他向来听不进他人的建议，于是不动声色地对他说："去做吧，这个项目不止赚到50 万。"结果，高枫在执行的过程中遇到了很多问题，多次碰壁之后，他才知道自己的计划是无法执行下去的，而且还损失了公司的人力和物力，这让他感到很受挫。

此时，领导才将他叫到办公室，对其说道："高枫，你非常有才华，也是一个很有想法和创意的人，这是大家有目共睹的。但你却有些自以为是，听不进他人所提的意见，这是很危险的。得不到其他人的认同和支持，你如何能够取得成功呢？所以在做某些事时你应该多听听他人的建议，凭你的才华，必然会比他人早成功好几年。你现在可能没有遭遇什么重大的挫折和困难，可一旦遇到就会将你击垮，我见过很多像你这样的人才，都是因为不愿听他人的建议而最终一事无成。"

领导的一席话正中高枫的内心所想，让他醍醐灌顶。之后，他渐渐有所改变，也更愿听从领导的安排和建议。

不过，心理学家表示，攻心术就像是一把双刃剑，一面用来进攻，一面则用来防守。当我们向他人进攻时，要尝试抓住对方的弱点，以达到自己的目的；当他人向我们进攻时，我们要明白自己的弱点，确保自己不被他人控制，才能做到调动他人而不会被他人利用，才能在人际交往中立于不败之地。

发自内心欣赏他人

在一个深秋，俄国作家屠格涅夫在一片松林中打猎时，无意间，他在地上捡到一本破旧的杂志。于是，他随手翻看了几页，想要看看其中有什么内容。正翻看着时，他被一篇题为《童年》的小说所吸引，竟席地而坐，在那里看了起来。

虽然这篇小说的作者他不曾认识，但屠格涅夫却很欣赏对方的文笔。回去后，他开始四处打听小说的作者及其住处。后来，他得知对方只是一个无名小辈，父母在他很小的时候就离世了，是姑母将其养大。听闻他的经历，屠格涅夫非常同情和关注这名作者，并亲自去他的姑母家中探望对方。可不承想，屠格涅夫并没有见到作者本人，只是与他的姑母闲聊了一阵儿，并在她的面前赞赏她的侄儿。

随后，姑母就写信告诉侄儿，他所写的小说在当地引起了很大的轰动，就连大名鼎鼎的作家屠格涅夫都称赞其才能，而且屠格涅夫还鼓励说："这位年轻人如果能继续写下去，他的前途一定不可限量！"这名作者看到姑母的来信后欣喜若狂，其实他之所以写作，只是因为生活太过苦闷，想要借此来排遣内心的寂寥，也从来没有想过要当作家。如今，获得著名作家的欣赏和鼓励后，他的内心一下子燃起了写作的火焰，更让他找到了自信和自己的价值所在。

于是，他开始专心而认真地写了起来。之后，他创作了很多经典作品——《战争与和平》《安娜·卡列尼娜》《复活》等。他就是著名作家、享誉世界的艺术家和思想家列夫·托尔斯泰。

在日常生活中，每个人都渴望得到他人的欣赏，同样，我们也要懂得去欣赏他人，倘若我们能够以欣赏的眼光看待别人，不仅能够收获友情，更能收获美好的自己。心理学家指出，在人际交往中，欣赏是一种理解和沟通，当我们真诚地欣赏他人时，对方必然能够感受到我们的肯定、信任，从而对我们产生愉悦、亲近之情，自然就能够实现高效沟通，从而也能提高我们的情商。

春秋时期，年少的管仲家中比较贫困，他曾与好友鲍叔牙一起做生意。可是，由于管仲的经济条件比较差，做生意时所出的本钱比鲍叔牙要少很多。可是，当他们赢利时，他得到自己应得的一份后，还会多要一些。这让鲍叔牙的手下非常气愤，都替鲍叔牙抱不平，认为管仲太贪得无厌了，不应该再与其合伙做生意。可鲍叔牙却替他辩解说："这不能怪他，因为他家中的人口比较多，开销也很大，是我自愿让给他的。"

后来，管仲与鲍叔牙带兵打仗，可管仲在战场上却表现得非常胆小，这让他手下的士兵都很不满，认为他是个胆小鬼。而鲍叔牙得知此事后却对那些士兵说："这是因为他家中尚有老母亲，他是为了侍奉母亲才如此爱惜自己，并不是真的怕死。"

鲍叔牙之所以百般袒护管仲，是因为他欣赏管仲的才能，认为他还没有得到好的机遇施展自己的才华。后来在鲍叔牙的极力推荐下，管仲成了齐国的国相，帮助齐桓公成为春秋五霸之首。

正是由于鲍叔牙懂得欣赏管仲，才让他收获了深厚的友情，更赢得了很多人的尊重。可见，在人际交往中，懂得欣赏他人是多么重要。

古希腊有句谚语说得好："每滴水里都藏着一个太阳。"意思就是每个人都有他的优点，都有值得别人学习的长处。心理学家也表示，在人性中，最深切的心理动机就是渴望获得他人的赞赏。在社交中，如果我们想要实现高效沟通，避免低效、无效沟通，就要懂得欣赏他人。

可是，很多人却不懂得欣赏他人。有一项调查显示，有 60% 的人不懂得或是不习惯欣赏他人。小说《飘》中有这样一句话："假如你用挑剔的眼光看待这个世界，那么，你眼中将遍地荆棘。"所以，如果我们不懂得欣赏他人，只会漠视别人，我们就不会收获好心情。而懂得用欣赏的眼光看世界，多关注他人的闪光点，不仅会让对方备受鼓舞，也会让我们发现生活的美好。

那么，如何才能学会欣赏他人呢？对此，有专家提出以下几点建议：

一是认清自己，了解他人。心理学家指出，想要学会欣赏他人，就需要先认清自己，看到自己的缺点和不足，知道自己还有哪些方面需要学习和加强，才会在与人交往时，不自大张狂、目中无人。同时，我们要尝试着去了解他人，只有慢慢了解对方，才能知道对方强于或是弱于我们的地方，了解其优点和长处后，就不要吝啬我们的赞赏了。

二是懂得尊重他人。欣赏他人就是尊重他人，如果我们不学会欣赏他人，不懂得尊重他人，就会被他人和社会所抛弃，从而造成无效社交的局面。因此，专家认为，人与人之间是平等的，欣赏他人的优点和长处并不是表明自己不如他人，只有我们懂得尊重他人，才能获得他人对我们的尊重，才会成就更好的自己。

比如，我们不仅要学会欣赏对方的穿衣打扮的品位，还要懂得欣赏他人的内在美，从中感受到自己的不足和缺陷，才能不断提升自己，练就自己的高情商，提高自己的社交能力。

三是学会包容。在这个世界上，没有一个人是完美的，每个人都会存在或多或少的不足和缺点，包括我们自己。所以我们不能只是一味地挑剔他人，而是要学会包容，用一颗公平、公正的心来发现他人的优点，当他人取得成就时，我们应该少一些嫉妒，多一些掌声和祝福，这样才能真正地欣赏他人。这样，不仅能够让我们获得良好的人际关系，也会让我们成为他人的欣赏对象。

不要看轻"小人物"

　　有一天，中山国的君王在宫殿中设宴款待国都中的名士。在这群士人中，也有大夫司马子期。在宴会上，大家都非常开心地享用着国君赐给他们的美味佳肴。可是，当中山国君分羊羹时，却没有将羊羹分给司马子期，这让他非常生气，认为国君不看重自己，于是宴会还没有结束，他就怒气冲冲地离开了，并且跑到了楚国。

　　到了楚国之后，他总是劝说楚王攻打中山。最后，楚王被他说动了，出兵攻打中山。由于楚国兵力比较强，很快就将中山的军队打得落花流水，中山国君仓皇逃走。在逃亡的路上，国君发现有两个人一直手持着兵器，寸步不离地保护他。

　　中山国君就问他们道："你们两个人是做什么的？很多将士为了逃命都弃我而去，为何你们俩还会留在我身边，拼死保护我呢？"其中一人回答道："我们是兄弟俩，我们的父亲在饿得快要不行时，是您赏给他水和食物，才让他活了下来，所以他一直记得您的恩情。后来，他在临死时反复叮嘱我们，如果您遭遇危难，让我们一定要拼死救您。所以，我们才会一直拼尽全力保护您的。"

　　中山国君听后，仰天长叹道："给予，往往不在于给多少，而在于当他人面临困难时；仇恨不在深浅，而在于是否伤了他人的心。我因为一杯羊羹而亡国，却因为一碗饭获得两个为我效力的勇士。"

俗话说得好："永远不要忽视小人物，小人物也能坏掉大事情。"所以，人际关系学家建议，在人际交往中，如果小人物不能为我们所用，也不要轻易得罪或是看轻他们，因为说不定哪天我们眼中的"小人物"就会在某个关键时刻影响我们的前途和命运。

一天下午，费城正在下着雨，一位老妇人进入了一家百货公司。此时，大多数服务员都没有注意到她，也没有主动接待她，因为她看起来并不像是有钱人，更不像是来买衣服的。只有一位年轻的服务员热情地走上前，并询问对方需不需要帮助。那位老妇人回答道："外面的雨下得太大了，所以我进来避避雨。"

那名服务员听后没有感到失望，也没有显得不耐烦，而是从柜台那边搬来一把椅子，让那位老妇人坐下来休息。老妇人很感谢，并向对方要了一张名片。

没想到在几个月之后，那名服务员却收到了一封信，信中希望他能以合伙人的身份去苏格兰签署一份装潢一座城堡的合同。而这封信是那位老妇人所写的，她的真实身份是美国钢铁大王安德鲁·卡耐基的母亲。结果，那名服务员拿到了上千万美元的订单，并因此成为富翁和装潢界的名流。

那位老妇人被其他服务员当成了微不足道的小人物，却成了年轻服务员的贵人，可能那些错过机会的服务员知道后会非常后悔，正是因为他们看轻了面前的"小人物"，才让大好的机会从自己身边溜走。因此，有心理学家表示，在人际交往中，既不要错过大人物，也不能看轻、忽略身边的小人物，才能实现高效社交，才能彰显自己的高情商。

其实，不管是待人还是用人，都要记住史坦芬·艾勒所说的："把鲜花送给身边所有的人，包括你心目中的小角色。"不要处处表现出一副高人一等的姿态，要知道即使再有能力的人也不可能将所有事情做好，就像再优秀的足球运动员也不可能独自赢得整场比赛，需要很多小人物一样的普通队员来配合。特别是在职场中，很多小人物会在关键时刻影响我们的前程和命运。

林夏在某公司做营销类的工作，可做了一段时间后，她发现部门主管总是让人很无语，明明是他自己犯的错误，总是让下属背黑锅，林夏也因此被总经理批评了很多次。因此，林夏决定调换部门，因为之前她在面试时，人事部就很看重她过去的工作能力，所以她被调到行政部，做起了行政总监的助理。

而她的主管自从林夏调走后，还是没有将其放在眼中，仍然时不时故意刁难林夏，这让林夏忍无可忍，她决定展开反击。于是，每次主管找行政部门做一些事情时，林夏就会将他的文件放在最后，当对方催促时，她就会装出一副无可奈何的样子，回答说"现在行政总监没有时间处理"。最后，因为营销部主管的办事不力而让领导对其能力产生很大的不满。结果，没过多久，那位主管因为工作上的问题再加上其他原因而被降职了。

因此，在人际关系上，如果我们看轻或是得罪了身边的小人物，

不仅会导致无效社交，还会对自己的前程造成影响。因此，人际学家
建议，在职场中，不要与下属发生冲突，以免留下后患。同时，要学
会与小人物合作，并且能够慧眼识珠，多花一些时间和精力在他们身
上，才能有长远的收益，积累潜在的优势。

被称为"枭雄"的曹操在用人时有自己独特的标准：不管对方出
身、地位、品质等，只要他们有才能，即使是鸡鸣狗盗之徒或是市井
小人物，他都会重用。所以，在曹操的帐下，有很多地位低贱的小人
物，都为他立下了汗马功劳。比如，曹操麾下最有名的将军张辽、徐
晃，他们二人之前都是逃亡的罪人。可曹操却知人善用，没有看轻他
们，从而让其成为自己的左膀右臂。

汉高祖刘邦也是非常看重小人物的，在他的队伍中，可谓是什
么样的市井小人物都有：樊哙是屠夫、彭越是强盗、娄敬是车夫、灌
婴是布贩、周勃是鼓手。韩信则是项羽手下的一个执戟郎，而且还
曾遭受过胯下之辱，看起来似乎是一件很没有面子的事情。可刘邦
却没有看轻这些小人物，而是将他们汇集到一起，为自己立下了汗
马功劳。

所以，在当今社会，如果我们想要在社交场合中无往不利，就不
要看轻那些小人物。事实上，那些小人物并不"小"，只是暂时没有
发挥出自己的潜力，一旦将其放在合适的位置上，他们将会产生强大
的影响力。

幽默是社交催化剂

在美国的一个小镇上，由于当地的治安和交通非常差，所以这个镇子的警察局长感到压力相当大，每天心情都处于极度低落的状态。家人见此，都不敢主动与他说话，担心会引发争吵，而下属向他汇报工作时也是小心翼翼的，怕惹怒局长，会被痛骂一顿。

其实，这位警察局长深知下属很不容易，可上面的长官只是看结果，而不在乎过程中他们有多么辛苦和努力，所以即使他与下属都非常努力，仍然不被上司肯定，连累他迟迟得不到升迁的机会。最近，州政府举办了一场交通安全竞赛，让各个城镇都打起十二分的精神，在三个月后，他们将会派人来抽查，排名靠后则会有一定的惩罚。

这位警察局长听后更加感到"压力山大"，每天下班后都是心力交瘁，回到家中，也不愿与妻子和孩子多说一句话，直接把帽子扔在一边，就瘫坐在沙发上喝闷酒。有一天，他打开电视时正好有一档脱口秀节目在播出，其中的表演者说话相当幽默、风趣，他看后不禁被逗得"哈哈"大笑。节目看完之后，他感觉自己的压力好像缓解了不少。当他坐在沙发上沉思时，突然想到一个好办法。第二天，他召集所有警察开始行动。

当三个月过后，州政府派人前来调查各个城镇的交通情况时，竟然发现这个小镇上的交通安全问题几乎为零，特别是最近三个月的车祸记录居然一次也没有。原来，这个警察局长在看完那档脱口秀节目后，想到的好点子就是将公路上的警告牌都换成幽默的提醒语，上面写着"请开慢一点，我们已经忙不过来了！殡仪馆启"。很多司机在看了之后，会不知不觉地将车速放慢，小心开车。

可见，这位警察局长的方法是相当高明的，这比那些语气强硬的警告牌——"超速，罚一万！警察局启"更有效果，因为强硬的说法只会让人看了感到不舒服，更不愿遵守规定。可幽默的提醒却对司机进行了心理暗示，在驾驶的过程中自然放慢速度，小心开车。而警察局长在日后的工作中也善于使用幽默的手段来处理问题，渐渐地，不管是工作上还是家庭中都是一番和谐、融洽的氛围。

著名作家威廉·戴维斯曾经说过："我喜欢的幽默，是能使我发笑5秒钟而沉思10分钟的那一种。"的确，当处理严肃的事情时我们用轻松幽默的方式来解决，最容易获得劝导和说服别人的效果。这不仅能够实现高效沟通，还能练就自己的高情商。

在闷热的夏季，正值下班高峰期，公交车上满满都是乘客，可还是有越来越多的人往车上挤。此时，有不少乘客开始抱怨连连，而且还有此起彼伏的争吵声。有一个年轻人被挤上车后，大声地喊道："不要挤了，再挤我就变成相片了。"听到这句话，很多人都笑了起来，刚刚的不快和烦躁立马抛之脑后。

在人际交往中，幽默不仅能够减缓压力、促进交流，还能缓解尴尬气氛，避免自己和他人陷入难堪的处境中。一位有名的钢琴演奏家到一座城市办演奏会，可是，当他到了现场才发现，舞台下面所坐的观众仅有一半，还有很多空座。他见此情绪不免有些低落和失望，但是在上台前，他还是调整好了心情，恢复了自信，只见他对台下的观众说："来到这个城市我才知道你们那么富有，你瞧，你们每个人都买了两到三个座位的票。"观众听了都笑出了声，随后，他们开始认真地倾听钢琴家的演奏。

美国作家特鲁曾说："幽默帮助你解决社交问题。当你希望成为一个克服障碍、赢得他人喜欢和信任的人时，千万别忽视这种神秘的力量。"所以，在人际交往中，我们想要实现高效沟通，想要练就高情商，避免无效沟通和人际矛盾，就要懂得运用幽默的力量，让他人感受到我们的善意和诚恳，才能建立良好的人际关系，获得真诚的友谊。

法国著名作家小仲马的一个朋友的剧本就要上演，于是，朋友邀请他前去观看。当时，朋友特意为小仲马安排了最前面的座位。可是，在观看的过程中，小仲马却总是回头数着："一个，两个，三个……"朋友不解地问："你在做什么呢？"小仲马幽默地回答道："我在帮你数数，有多少人在打瞌睡。"

后来，小仲马的《茶花女》公演了，他也邀请了上次那位朋友前来观看。这次，那位朋友也是回过头数打瞌睡的人，好不容易终于找到了一个，他立刻对小仲马说："原来看你演出的人也有打瞌睡的啊。"小仲马看了看那个打瞌睡的人说："你不认识他吗？这个人就是上次看你演出睡着的人，到现在还没有睡醒呢？"

可见，幽默是一种超群的魅力，也是一种讨人喜欢的性格。不仅让自己感到开心，也会给他人带来欢笑和安慰。美国著名作家马克·吐温曾说："让我们努力生活，多给别人一些欢乐。这样，我们死的时候，连殡仪馆的人都会感到惋惜。"

因此，在人际交往中，如果想要建立良好的人际关系，获得成功，练就高情商，就要学会使用幽默这个法宝。

信息时代，要抛弃无效社交

在电话沟通中，如果想要拉近自己与他人的心理距离，就要记住对方的名字。有心理学家研究发现，大多数人对自己的姓名是非常看重的，不管是成功人士还是普通人，都希望别人能够记住自己的名字。虽然姓名只是一个代号，但在人际交往中记住他人的名字也是一种尊重，更容易获得他人的好感。

电话沟通事半功倍

　　李萌与王岚是某公司的两个新成员，她们的工作都是做客服，即平时负责接打电话。王岚是第一次做客服，她了解工作内容后感觉很容易，所以每天工作时都非常积极，又有热情。可是，做了一段时间之后发现，自己的工作效率并不是很高，与客户在电话沟通中总是收集不到任何有用的信息，结果自然无法与对方进行有效的沟通。

　　李萌虽然也是第一次做客服，但她在工作中却比王岚更有效率。工作一个月后，她已经积累了不少客户，而且客户似乎更愿意与李萌沟通。因此，李萌总是能从客户那里获得不少有用的信息。

　　这让王岚非常不解，同样都是第一次做客服这类工作，为何李萌的工作效率如此高，与客户沟通如此高效，而自己却出现这样的问题呢？于是，她特意从储存电话录音数据的后台找到李萌和自己的电话录音，对比她与李萌在电话沟通上到底有哪些不同。

　　仔细听完李萌和自己与客户沟通的电话录音后，她发现自己的语速比较快，常常将所有的信息都说给客户听，而且还没等对方充分理解其中的意思，又快言快语地讲出更多的内容。结果，客户都没消化她所说的信息，自然就会造成无效社交。

　　而李萌在与客户沟通时，语速比较慢，而且语气非常亲切，当她说的内容客户没有理解时，她会进行解释和举例，以让对方真正弄明白。自然，客户与李萌在电话沟通中相当愉快，也更愿意与其交谈。所以，李萌积累的客户更多。

如今社会是网络信息发达的时代，各种高科技手段拉近了人与人之间的距离。即使相隔千万里，也能通过通信技术近若比邻。而在日常的沟通中，电话是必不可少的沟通工具。虽然电话让彼此的联系更为方便、快捷，但同时它也有自身的缺陷。如果在接打电话时不懂得采取正确的沟通技巧，可能就会像上文的王岚那样陷入无效社交中。所以，人际关系学家建议，在信息发达的时代，如果想给他人留下不错的印象，想要实现高效沟通，就要懂得电话沟通的技巧。

那么，在电话沟通中如何才能让我们实现高效沟通呢？有哪些电话沟通技巧值得我们学习呢？对此，有专家提出以下几点建议：

一是记住他人的名字。在电话沟通中，如果想要拉近自己与他人的心理距离，就要记住对方的名字。有心理学家研究发现，大多数人对自己的姓名是非常看重的，不管是成功人士还是普通人，都希望别人能够记住自己的名字。虽然姓名只是一个代号，但在人际交往中记住他人的名字也是一种尊重，更容易获得他人的好感。

而在电话沟通中，想要缩短自己与客户的距离，首先要记住对方的姓名。反之，如果叫不上或是叫错他人的名字，则会陷入无效社交中。比如，当我们拿起电话时，直接问道："请问是某某某先生吗？"这样的沟通会让对方感到快乐，并让对方感到自己比一般人突出。

二是问对问题。世界潜能开发大师安东尼·罗宾曾说："成功者与不成功者最主要的判别是什么呢？一言以蔽之，那就是成功者善于提出好的问题，从而得到好的答案。"在电话沟通中，想要沟通得更有效，就要学会问对问题，提出一些好的问题，才能吸引对方，引导对方的注意力。

心理学家指出，专业的电话销售人员从来不会直接告诉客户相关信息，而总是让对方提出各种问题。正如一句俗话说得好："能用问的就绝不用说。"多问少说也是销售行业的黄金法则。不过，前提是要问对问题，问有效的问题，才能引导对方的思维和注意力。比如，在提问时，可以提出客户感兴趣的话题或是将问题集中在他们的生活上，例如最近正在做什么或是之前做过什么事，等等。

三是注意说话时的态度、表情。虽然在电话沟通时是完全看不到双方的面部表情的，因此有些人认为不必在意自己的态度、表情等，这种想法是错误的。我们的态度是否诚实恳切，都会在电话的沟通中体现出来。因此，专家建议，在与人电话沟通时要懂得"言为心声"，态度的好坏会直接表现在语言中。如果我们在道歉时不低头，歉意是不会随着言语传达给对方的。

同样，表情也会在声音中明显地体现出来，如果打电话时没有什么表情，声音就会冷冰冰的，所以，在电话沟通时要保持微笑。在一些大公司的前台或是总机等部门，工作人员都会在桌子前面放上一面镜子，以让他们在面对他人时会自然地微笑，将友好和礼貌通过语言传递出去。

四是沟通时的语速和语调。如果在电话沟通时讲话速度过快，往往会让对方接收不到信息；如果语速过慢，一些急性子的人听了则会感到焦躁不安。因此，在电话沟通中要根据对方的情况灵活掌握自己的语速。另外，在电话中要适当地提高自己的声调，以显得自己有朝气。因为电话沟通是看不到对方的，大多数人都是凭借听觉形成初步的印象。因此在电话中，要有意识地提高自己的声调。

五是养成好习惯。当我们进行电话沟通时，要在手边准备好记事本和笔等工具，随时记下有用的信息。不管是接电话还是打电话都要养成随手记下可用信息的习惯。另外，还可以在电话沟通时准备好客户的资料等，在电话沟通中随时进行补充，更全面地了解对方的情况。

六是养成复述、确认的习惯。专家建议，在电话沟通时，为了防止自己听错电话内容，一定要当场复述和确认。特别是同音不同义的词语、日期等内容，要养成在听到后立刻进行复述、确认的习惯。有很多人在电话沟通中会听错，从而耽误不少事情。比如，1 和 7、11 和 17 等，都要立刻复述，以免出错。

撰写邮件绕开雷区

小欧是一个刚入职场的新人，本以为向领导汇报工作或是与其他同事沟通时直接面对面就行，后来才知道公司规定有需求时只要通过撰写邮件，发送给对方就可以了。起初，小欧信心十足地以为这并不是什么难事，虽然自己不怎么用邮箱，但写邮件还是会的。可后来他却发现，写邮件并不是自己想象得那么容易。

有一次，小欧将专题的制作要求通过邮件发给美工设计人员，希望对方能够协助他完成专题的设计。可在发送的过程中，他却没有将邮件抄送给自己的部门领导和设计部的领导。结果，设计人员一直没有与他对接工作内容，也没有给他回复邮件，这让他很不解，只好找到设计部，向相关人员问个明白。

接收邮件的那名设计人员告诉他："在发邮件时不仅要发送给对接人，还要抄送给各个部门的领导，这样他们才会有所安排。而你的邮件虽然我是接收到了，但我们领导会优先安排那些他知悉的工作，他不知道的自然就不会做安排。而我们设计人员只能先做领导安排的任务，没有安排不能擅自去做。另外，你在写邮件时还要标明时间，这样领导看了才清楚明白。"

听到这里，小欧才明白小小的邮件中竟然有那么多的玄机。后来，小欧再写邮件时都会注意其中的雷区，而且斟酌再三才将邮件发出去。比如，对领导不能随意称呼，不能写"你好"，而应该说"您好"；邮件不止发给一个人时，要抄送清楚。

在当今社会中，电子邮件已成为沟通交流的一种新工具，目前，越来越多的公司都习惯使用电子邮件，因为当他人工作比较忙，电话联系不到时，电子邮件往往能够更好地沟通。在表达上也更加充分，能够弥补口头交流上的弱点，给他人留下好的印象。

有人际关系学家表示，电子邮件是人际交往的润滑剂，与直白的口头语言交流相比，文字往往更委婉、含蓄一些。因为我们在落笔之前，心里都会有一个腹稿，一些鲁莽的说法就会被排除掉，从而在职场中帮助我们建立良好的人际关系。

在职场中，一封出色的邮件能为我们的工作锦上添花。那么，如何撰写邮件才能实现高效沟通、避免无效沟通呢？撰写邮件有哪些雷区呢？对此，有专家总结出以下几个注意事项：

一是邮件发送前多检查。有些人在写完邮件后会直接点击"发送"按钮，将邮件发给接收对象。不过这样做往往会因为表达的问题而让他人造成误解，从而导致无效社交。

因此，专家建议，在写完邮件后不妨多检查一下，思考一下当对方看到邮件会怎样解读，这样才不会让他人产生误解。正如美利坚大学语言学教授纳奥米·巴伦所说："写完邮件后，以'读者'的角度再通读、检查一遍，是非常必要的。因为一旦邮件发出去，'很多人会据此评价你'。"

二是在邮件中注意自己的语气。如果在写邮件时我们不注意自己的语气，他人在接收邮件后可能会产生消极的反应。因此，专家建议，当自己情绪不佳时千万不要写邮件，如果必须那样做，可以先写好，至少过了一天之后再发，那样自己已经冷静下来了，邮件的语气也就不会过于激烈。另外，在写邮件时多用友好、谦恭的语气，比如"请"和"谢谢你"等。

三是注意标点符号的使用。很多人对标点符号所表达的含义往往有不同的看法：有的年轻人认为感叹号在邮件中显得比较友好，但年纪大的人却表示，这种符号表达的情感比较强烈，在邮件中要尽量少用；有的人认为省略号表示句子结束，而有人却认为这种符号包含负面的信息。因此，在写邮件时要注意一些有歧义的符号的使用，以免让他人造成误解。

四是不要在邮件中提及私人事情，更不要表现出对他人的嘲讽。在网络上聊私人的事情是比较危险的，因为个人信息很容易被其他人知道。如果我们真的是不吐不快，不妨约关系不错的人在咖啡馆或是其他地方当面谈。而在邮件中，白纸黑字就会给他人留下证据。所以，对于职场人士而言，一定要明白"公私分明"是职场的黄金法则。

另外，不要在邮件中表达对他人的讥讽和嘲笑。如果在邮件中给对方开个玩笑或是就他人的失误嘲弄一番，只会让自己陷入无效社交中，引发人际矛盾。这种玩笑最好不要随意开，否则只会影响自己的人际关系，除非是"骨灰级"的密友。

五是行文要简洁。很多人在使用电子邮件与他人沟通时总是长篇大论，而且绕来绕去说不到点子上。对此，专家建议，邮件的长度要控制在一个屏幕内，如果内容太长的话，接收者可能只看个大概或是根本不看，结果必然会造成无效社交。所以，邮件的行文要简洁一些，同时要写得生动有趣。

有调查发现，如果电子邮件的行文比较简洁、有趣，更易得到对方的反馈。另外，简洁的语言还能帮助我们规避一些文化误解，因为有些文绉绉的语言虽然我们看起来是在表达礼貌，但某些地方的人看起来却会产生消极的心理暗示。比如，"我感到很遗憾"或是"不幸的是"，虽然是礼貌用语，但在美国人眼里则会将其解读为负面的暗示，而不会看作礼貌用语。

六是写好结束语。如果邮件中的结束语过于累赘或是重复，往往会让人感到心烦。有些人在写邮件时常常有这样的经历：本来已经打算结束了，写完"祝好"之后感觉还有一些意犹未尽，所以，就会再写一些内容。当再次收尾时，就会情不自禁地补上"祝顺利"。而这种重复而烦琐的结束语不仅会花掉自己不少时间，还会增加很多麻烦。

对此，专家建议，邮件的结尾最好是用展望未来和表达感谢结束。研究发现，用"提前感谢"作为结束语能够得到65%的回复率，而这种结束语也是使用率最高的一个。

网络交流注意事项

　　孙伟是一名销售人员，做事情一向认真努力，虽然做这份工作还不到一个月，他竟谈了一个大单，眼看着就要签合同了。可最终因为自己与客户在网络沟通时使用口头语不当而告吹。

　　当时，客户通过QQ与孙伟商定签合同的时间，孙伟与对方约定好了时间后，告诉他乘车的路线。但说到路线的问题时，由于要转两趟车，客户不禁感到有些麻烦，对孙伟说："转车太浪费时间了，我们能不能选择一个离我这边比较近的地方？"孙伟看到他的回复后，不禁心里想：我靠，就转两趟车还嫌远呢？他心里这样想着，手落在键盘上也不由自主地打上了"我靠"二字。

　　客户见此直接生气问道："你这是什么意思啊？怎么说这种话啊，怎么骂起人了呢？"孙伟立刻向对方解释道："这只是一种语气词，是一种网络常用语，并没有骂您的意思。"但客户听后依然心中不满，对孙伟顿生厌恶之感，并且认为孙伟这人太轻率了，怎么能对自己说这种话呢？最后，他不再听孙伟辩解，直接将其拉黑了。

　　结果，孙伟眼看着自己即将到手的大单就这样飞走了。不过，他依然有些不解：这些口头语和语气词都是同事和朋友们经常使用的啊，为何对方会有这么大的反应呢？

当今社会是网络信息的时代，网络也成为不可或缺的沟通工具之一，因为网络沟通不仅让工作效率更高，让我们有足够的时间来组织语言和分析语言的含义，而且还能进行多方交流，从而实现高效沟通。可是，虽然网络交流具有很大的便利性，但如果不懂得其中的忌讳和技巧，就会像上文的孙伟那样陷入无效社交，不仅影响自己的人际关系，还会对工作成绩造成负面的影响。

那么，网络交流时应该注意哪些禁忌呢？又有哪些值得我们学习的技巧呢？对此，有专家总结出以下几点内容：

一是忌用一些专业术语或是英文。在人际交往中，要让对方准确地了解我们所说的意思，虽然专业术语更能准确地表达，但前提是要让对方也能明确地了解其中的含义，否则我们所传达的信息就是不完整的，无法让对方充分理解，从而会陷入无效社交中。另外，有些人总喜欢在与人沟通时语句中夹杂一些英文，似乎这样才能充分表达自己的想法，但这种做法只会引起对方的反感，从而导致无效社交。

二是切忌拖延回复他人的信息。当客户给我们发来信息时，肯定是希望我们帮助他们解决问题，如果我们不能及时回复对方，客户就会感到我们不重视他们，从而对我们丧失信心，最终也不会与我们进一步合作了。因此，专家建议，当看到客户发来的信息时要及时回复对方，不要让对方等得太久；如果是下班时间，则要委婉地告诉对方，在上班时会第一时间给予回复的。

三是忌以自我为中心，不耐心倾听他人的话语。很多人在与他人沟通时总是认为自己的想法和见解是最好的，便会将自己的观点强加给对方，这会让对方感到很不舒服，从而影响沟通的效果。因此，专家建议，在网络沟通时，要懂得给他人思考的余地，更要学会倾听他人的意思，让对方自己做决定，才能实现高效沟通。

四是切忌乱改字体。有的人在使用网络聊天工具时不喜欢使用默认的字体，就会改成自己喜好的字体。虽然这种字体迎合了自己的喜好，有的人却不喜欢这种字体，当在屏幕上看到这些字体后会感到非常不舒服，自然就会影响沟通。所以，还是使用大众普遍能够接受的字体为宜。

五是忌用口头语和过多的表情。有些人在使用网络聊天工具与客户或朋友沟通、聊天时，喜欢使用一些口头语，比如"我晕""我靠"等。虽然这些口头语对关系比较近的朋友说可能没什么，但与不熟悉的客户沟通时使用这些词语，则会让对方很不解或是有些反感。就像上文的孙伟在与客户交流时随口说了一句"我靠"，结果一笔大订单就这样飞了。

另外，通过网络与客户沟通时切忌使用过多的表情。专家表示，在网络沟通中，讲究的是用简洁的词语表达我们所说的意思，如果总是用表情来回复对方，年轻人可能感觉没什么，但如果是年纪稍微大一些的人，会认为我们对工作不认真，这样就会给对方留下不好的印象，也会对沟通造成阻碍，导致无效沟通。

六是多打字，少发语音。如今，在使用网络聊天工具与他人交流时，很多人都习惯使用语音，方便快捷，而且还避免了打字的麻烦。不过，对于我们来说语音是比较方便，可对于他人呢？如果对方正在开会或是上课，不方便听语音怎么办呢？而且有时候语音消息比较长，再加上如果话说得不是很清楚，对方就要听好几遍。因此，在与一些重要的客户沟通时，尽量多打字，少发语音。

七是谨慎使用称呼。受到传统文化的影响，中国人素来比较在意称呼，所以在通过网络沟通时要谨慎使用称谓，不要乱称呼他人。比如，在称呼他人时不要使用"小"字，因为这个字通常是长辈称呼晚辈或是上级称呼下属的。除非他人的姓名带有"小"字或是对方主动让我们称呼他"小某某"。另外，在网络沟通中，应该多用"我们"，少用"你"，因为"我们"会拉近彼此的距离。

八是不要群发一些祝福的信息。特别是在节假日，很多人都喜欢给他人群发一些祝福短信，让接受者看到会有些心烦，因为这种信息没有诚心，也会让对方感到我们不用心。因此，专家建议，如果真想给他人发祝福的信息，不妨自己精心编辑一下，单独发给想发的人，这样会让对方更愿意与我们沟通。

九是记得标出重要的消息。与他人进行网络沟通时，虽然在交流时沟通得比较顺畅，但如果是一些不紧急的事情，我们常常会将其放在一边，等需要处理时再一条条查看聊天记录往往比较费时间。因此，专家建议，要学会将重要的信息标出来，比如时间、地点等。

十是文件记得做备份。如今，很多人都习惯使用手机与他人沟通，微信、QQ 传送文件也越来越频繁。不过，时间久了，手机内存就会被占满，当清理内存时，一些文件也会被清理掉，想要找回往往比较难。因此，专家建议在使用微信、QQ 传送文件的同时，记得做一下备份。

跨部门沟通的法则

20世纪60年代末，苏联曾研制出一架高空截击的喷气式战斗机——米格-25。这架战斗机的最大飞行速度超过3马赫，在当时是世界上飞得最快的战斗机。

1976年9月6日，一架带有红星军徽的灰色飞机在日本的北海道函馆机场330米高空处盘旋。不过，当机场的客机刚离开跑道后，这架飞机就强行降落在跑道上。随后，它冲出跑道末端并撞到了两排雷达天线才停了下来。接着，从飞机上跳下一名飞行员，并拿出手枪朝着天空连开了几枪，还喊了几句话。

日本航空自卫队很快查清了对方的身份，原来他是苏军飞行员维克托·别连科，驾驶着一架米格-25叛逃到了日本。不过，他们关注的并不是飞行员，而是将注意力放在米格-25身上。因为这架喷气式战斗机性能相当优越，西方各国都梦寐以求能破解它。

当美国情报人员得知此事后，立刻赶到了现场，迫不及待地对这架飞机进行了检测。此时，日本的飞机制造专家也没有闲着，也对米格-25进行了研究。最后，米格-25被拆得支离破碎，经过美日两国专家的研究发现，米格-25并不是想象的那种全能先进的战斗机，与其他战斗机相比，这架飞机的很多零部件都比较落后，可是将其拼在一起，其战斗力和性能要远远超过美国和其他国家所生产的战斗机。

这是什么原因呢？原来设计者在设计米格 -25 时是从整体的性能来考虑，将每一个零部件都进行了协调组合设计，从而让它的整体性能超过其他国家的战斗机，成为世界一流的战斗机。

后来，因为组合协调而得到超出预期的效果就被称为"米格 -25 效应"，是指事物的内部结构是否合理，对整体功能发挥起到很大的作用。如果结构不合理，整体功能就会小于各部分功能相加之和，甚至会出现负值，让整体功能很难发挥到最强的状态；如果结构合理的话，则会产生"整体大于部分之和"的功效，即出现 1+1>2 的效果。这正应验了那句俗语："三个臭皮匠顶个诸葛亮。"即只要结构上分工明确、优势互补，就能提升整体的力量，让其变得更加强大。

恩格斯曾经讲过法国骑兵与马木留克骑兵作战的例子，正是运用了米格 -25 效应：法国骑兵有很强的纪律性，不过他们的骑术一般；马木留克骑兵虽然纪律涣散，但善于格斗。当他们进行交战时，如果将其分散开来进行战斗的话，3 个法国骑兵是无法抗衡 2 个马木留克骑兵的；如果是数百人集体交战的话，则势均力敌；如果是上千名法国骑兵必然能够击败 1500 名马木留克骑兵。其实，当法国骑兵协同作战时，发挥了协调作战的整体战斗力，从而将马木留克骑兵打败。

米格 -25 效应在中国古代就曾出现过，比如田忌赛马。齐国的将军田忌非常喜欢赛马，经常约一些达官贵人举行赛马，并设赌局。有一次，齐威王约田忌赛马，将马分为上等、中等、下等三种。每次比赛时，田忌总是让自己的上等马与齐威王的上等马比赛、中等马对中等马、下等马对下等马。可齐威王是一国之君，所以他的马自然比田忌的马更强壮一些，结果每次比赛，齐威王都获得了胜利。

这让田忌很受挫，内心异常沮丧。此时，田忌的好友孙膑对他说："我刚刚观察了比赛，发现齐威王的马并没有比你的快多少啊。"田忌瞪着他说："想不到你是我的朋友，竟然过来取笑我。"孙膑安慰他道："我不是来取笑你的，你可以再与齐威王比试一下，我有办法让你赢。"田忌不解地问："难道是找到更好的马与他比赛吗？"孙膑摇摇头说："不用，就用现在的马。"田忌一听，立刻没了信心："你刚刚不是看到了吗？每次比赛我都没有赢过，再比也是输啊。"孙膑拍着胸脯说："你放心，包在我身上，一定会让你赢。"

此时的齐威王因为每次都赢正在向他人炫耀，看到田忌走了过来，嘲讽道："你是我的手下败将，怎么了，难道不服气吗？"田忌回答道："当然服气，不过咱们再赛一次，这次我一定会赢。"说完，将一大堆赌注放在地上，齐威王见此，也让侍从将所赢的钱都放在地上，而且还另外拿出重金作为赌注，轻蔑地对田忌说："那我们就再赛一次吧。"

比赛开始时，孙膑让田忌的下等马与齐威王的上等马比赛，结果，第一局自然输给了齐威王。此时，齐威王得意地笑道："本以为孙膑会出什么妙计呢？原来计策如此拙劣啊。"孙膑笑了笑，没有理会。在第二场比赛时，孙膑让田忌用上等马与齐威王的中等马比赛，结果，田忌赢得了比赛。齐威王见此不由得有些慌了。第三场比赛时，孙膑让田忌用中等马与齐威王的下等马比赛，结果又赢了。最终，三局两胜，田忌获胜，这让齐威王感到非常惊讶，只能眼看着田忌得意地拿走所有的赌金。

其实，孙膑所采用的策略就是对马匹进行了整合，以让其在整体上发挥更强大的功能，从而赢得比赛，这就是"米格-25效应"所发挥的作用。

在社交上，"米格-25效应"同样适用，尤其是在企业管理中，如果想要提高工作效率，就需要各部门协同合作，才能创造出更大的效益。如果沟通不良，不仅会陷入无效社交中，还会因为达不成共识而影响工作。那么，跨部门沟通如何才能更高效呢？对此，有专家提出以下几个必备法则：

一是在沟通交流前做好准备工作。如果我们需要与其他同事讨论事情，先将一些基本的问题弄清楚，不要没有任何准备就与其沟通，否则可能得不到我们想要的东西，而且还会浪费时间。比如，我们希望对方帮我们做什么事情，如果对方不同意我们的意见，有没有备选的方案等。

另外，对其他部门的惯用术语进行一番了解。有时候，跨部门沟通之所以会出现沟通不良的情况，是因为我们不了解其他部门的惯用术语。如果想要沟通更顺畅、高效，就要提前了解其他部门的术语。

二是沟通时要互信。当进行跨部门沟通时，有的人往往会刻意隐瞒一些事情或是欺骗其他同事，这就会导致无效社交，让各部门缺乏信任感，从而加重彼此的防御心理。因此，专家建议，在双方沟通时要互信，把自己的想法开诚布公地说出来，才能增强合作意愿，共同解决一些问题。

三是多提几种方案，以让对方选择。在进行跨部门沟通时，如果只有一种方案，对方给出的答案无非是接受或拒绝，很可能会陷入无效社交中，还会影响彼此的关系。可是，如果我们在沟通时提出三到五个方案供对方选择，则会让对方有更大的选择空间，也会让沟通更高效，成功率更高。

四是不要让沟通氛围太过和谐。在跨部门沟通时，很多新手担心会把气氛弄僵而沉默寡言，以此维护和谐的氛围，这样做往往无法进行有效的沟通，也无法找到解决问题的关键所在。正如美国斯坦福大学策略及组织学教授凯瑟琳·艾林哈特所说："如果管理团队在议题的讨论上都没有冲突，决策质量就会降低。"所以，艾林哈特提醒，千万不要将"没有冲突"跟"意见一致"混为一谈。

因此，艾林哈特建议，在跨部门沟通时，态度要温和一些，但立场要坚定。虽然要与其他部门保持良好的关系，但也要懂得捍卫自己部门以及下属的权益。

五是创造共同目标。由于每个部门的工作职能不同，其立场也有所不同，所以无法避免产生不同意见。当我们进行跨部门沟通时，不要在无谓的问题上争执，并执意说服对方，这样做不仅浪费时间，还会造成无效沟通。正如苹果计算机创始人之一乔布斯所说："如果每个人都要去旧金山，那么，花许多时间争执走哪条路并不是问题。但如果有人要去旧金山，有人要去圣地亚哥，这样的争执就很浪费时间了。"

因此，专家建议，在跨部门沟通过程中应该懂得创造共同目标，然后朝着这个目标努力，就算有争执也没关系。比如，弄清楚双方的共同目标是什么、实现共同目标的资源有哪些等。

"秘密武器"，达成高效社交

第一印象往往对人们的心理定式产生很大的影响，如果形成了肯定的心理定式，就会让人在之后的交往中偏向于发掘对方良好的个性品质；若是形成否定的心理定式，则会让人在之后的交往中偏向于揭露对方不好的个性品质。

首因效应：难忘的第一印象

在某公司中，有两个应聘者前来面试。当面试官见到第一个应聘者时，发现他衣着整齐，而且言谈举止很得体，回答问题时也总是面带笑容，这让面试官对他不由得心生好感。后来，当面试官问他一些专业的问题时，对方也能回答得比较好，这更让面试官感到满意。所以，面试还没有结束，面试官就在心里决定要录取他了。

而当面试官见第二个应聘者时，发现他衣着不整，而且还穿着拖鞋，一副相当随意的样子，这让面试官对他心生厌恶，本想直接将其淘汰掉。但面试官毕竟是专业的，虽然对他很没有好感，但专业的问题还是需要问问的。

于是，面试官向他提出一些专业性的问题，但对方都回答得头头是道。后来，面试官考虑再三，决定将这两名面试者都录取，看看他们日后在工作中的表现。结果，两个人在公司做了一段时间后都表现得很出色，这让面试官相当满意。

此时，面试官才对那位给他留下不好印象的员工说：“想当初，你来参加面试时，我看到你的衣着打扮时对你印象特别不好，还以为你就是一个自由散漫的青年，没有什么上进心呢！要不是你在回答问题时表现得不错，我肯定会将你淘汰的。”

那名员工听后不好意思地摸了摸头，回答道："当时面试为了不迟到，是在离公司比较近的朋友家住的。而面试前晚，因为淋雨了衣服没法穿，就只好穿朋友的衣服去了，而他衣服码数比较大，所以穿着看起来相当随意。以后在与他人交往时，我一定注意自己的第一印象，坚决不给他人留下'难忘'的印象。"

的确，"第一印象"是相当重要的，良好的第一印象能够迅速赢得他人的好感，从而实现高效的沟通。心理学家称"第一印象"为首因效应，即在人际交往中，最开始接触的信息所形成的印象往往在人们的大脑中占据主导地位，并发挥着很大的影响。一般来说，个人的衣着打扮、谈吐、举止等往往在某种程度上反映出一个人的内在素养和性格特征。比如，一些土大款不管如何刻意修饰自己，举手投足间是不可能风度优雅的，总是会露出马脚。

在人际交往中，我们可能常常听到这样的话："虽然我只见过他一次，但我却喜欢上了他""我永远都忘不了第一次与他见面的情景""我非常讨厌他，因为他给我留下的第一印象实在是太糟糕了"……这些话表明，大多数人都喜欢以第一印象来对他人做出判断和评价，这就是第一印象对人们心理和行为造成的影响。

有心理学家曾做过这样一个实验：邀请一些人作为实验对象，并将其分成甲、乙两组，然后让他们看同一张照片。不过，心理学家对甲组的实验对象说，照片中的人一个屡教不改的罪犯；而对乙组的实验对象说，他是一位著名的科学家。最后，让甲乙两组人根据照片中那个人的相貌来分析其性格特征。

结果，甲组的人认为，照片中的人的眼睛似乎隐藏着险恶用心，额头高耸，则表明他是死不悔改的；乙组的人表示，那个人的目光很深沉，表明他的思想比较深邃，而额头高耸则表明他有探索未知世界的坚定意志。

这个实验表明，第一印象往往对人们的心理定式产生很大的影响，如果形成了肯定的心理定式，就会让人在之后的交往中偏向于发掘对方良好的个性品质；若是形成否定的心理定式，则会让人在之后的交往中偏向于揭露对方不好的个性品质。

所以在相亲、求职等社交活动中，我们要善于利用首因效应，向他人展示良好的形象，为高效沟通打好基础。不过，这只是社交活动中的一种暂时行为，如果想要与他人进行深层次的交往，还要完善自己的"硬件"，比如加强自己的言行举止、文化修养等综合素质。对此，有专家提出以下几点建议：

一是衣着要整齐、干净。一般情况下，在人际交往中，人们更愿意与衣着干净整齐、落落大方的人接触，所以当我们与他人见面时，要好好整理一下自己的服装，修剪好自己的指甲、眉毛等细节，以给他人留下干净、舒适的印象。另外，在不同的场合还要注意自己的穿着是否得体，不要因为外在的因素而影响他人对我们的第一印象。

二是注意自己的言谈举止。与人沟通要懂得使用幽默的语言，举止优雅大方，这样必然能给他人留下深刻的印象。同时，与他人第一次见面时，要将自信的一面展现出来，让对方感受到我们积极阳光的心态，从而让对方更乐于与我们交流。如果想要做到这一点，不妨在家中对着镜子练习自己的眼神、表情、微笑等。

　　三是记住他人的信息。当我们与他人第一次见面时，要设法记住对方的个人信息，比如姓名、职务等，这是对他人的尊重，也能赢得对方的好感。同时，在与人沟通时注意观察一些细节，以便日后相处的过程中更加融洽、愉快。另外，在与他人交流时要学会耐心倾听，以让沟通更加高效。

　　不过，如果仅凭第一印象就妄下定论的话，可能会造成无法弥补的错误。比如，与诸葛亮齐名的凤雏庞统本来准备效力于东吴，于是前去面见孙权。可孙权看到庞统的相貌有些丑陋，对其没有好感。后来在交流时又发现他有些傲慢，更对他心生厌恶。最后，孙权将这位旷世奇才拒之门外，虽然鲁肃苦苦相劝，但孙权依然不为所动。

　　因此，在人际交往中，虽然说"第一印象"比较重要，但不要带着某种偏见与他人交往，还要注意发掘其内在品质。这需要足够的时间与耐心，不像第一印象那样瞬间就可以下结论。

　　有一天，上帝派出三名天使去人间完成一项任务：他给第一位天使安排的任务是寻找一个俊美的青年；他嘱咐第二位天使选出一个踏实能干的人；委派第三位天使寻找一个道德高尚的人。三位天使领了任务后，便去了人间。

　　第一位天使不到一天便完成了任务，他带着一位帅气的年轻人回到了上帝面前；第二位天使则用了十天的时间完成了任务，将一个工作能力很强的人带了回来。可是，第三位天使去了人间已经一个多月了，至今还没有音信。这让上帝很心急，就命人将那位天使找了回来。

　　上帝见到那位天使后，厉声责问道："为何其他天使早早就完成了任务，而你却拖延这么久，到现在为何还没有完成我安排给你的任务呢？"那位天使听后，委屈地辩解道："我也想很快完成任务啊，可是，一个人外貌的美与丑，只要一眼就能看出来；而一个人的能力大小，通过他做几件事情便能考察出来；但一个人品德是否高尚，需要长久地观察啊。"上帝听了他的辩解，觉得很有道理，便没有因为他未完成任务而责罚他。

自己人效应：做对方的"自己人"

张颖是某中学的老师，而且还是初一某个班的班主任。不过，这是她第一次做班主任，所以在管理学生上她有时候会显得手足无措。最近，她发现班上有些女生有谈恋爱的迹象，但没有实质性的证据，这让她感到很为难，因为她不知道该如何劝告学生们不能早恋，更不知道怎样与那些女生沟通。她深知现在很多学生都有一些叛逆，越是让他们不要做某些事，他们就越会去做。

在一堂自习课上，张颖一边看着学生上自习，一边在那里冥思苦想。后来，她终于想到一个解决问题的方法。在自习课结束后，她让所有女生留在教室中，声称要开一次女生的特别班会。很多女生听了都很好奇，不知道班主任葫芦里卖的什么药，但还是有些期待。

当女生都坐定后，张颖真诚地对大家说："今天我给大家分享一下我在学生时代的一件事，你们可以讨论一下我做得对不对。我在上中学时，我们班有一个男生长得很帅气，而且学习成绩很棒，所以我每次进到班里时或是在外面碰到他时都会偷偷地看他两眼。只要他跟我讲话，即使是学习上的事，我都会非常紧张，感觉心跳加速，好像快要窒息了一般。"

女生听到这里都捂着嘴巴笑了起来，张颖见此接着说道："本来，我以为这就是所谓的爱情，可当我渐渐长大后才知道，原来那种心跳的感觉并不是什么爱情，它只是处于青春期少女内心萌动的正常反应，每个人都会经历的。现在我回想起这件事，如果当初我过于在意那些懵懂的情愫的话，恐怕我可能不会在这里当老师，而是将学业荒废，在家无所事事了，你们说是不是啊？"

女生们听完了，若有所思地点了点头。同时，她们也想到了自己，原来老师也与自己有过同样的经历，也曾有过这样的感觉。于是，她们开始分析和反思自己的行为。

之后，张颖又特别召开了一次男生的班会，像朋友一样与男生进行了一次很坦诚的对话。从那以后，张颖所带的班级班风非常好，学生们早恋的问题再也没有出现，而且每个人都用功地学习。

其实，张颖所运用的方法就是"自己人效应"，即让学生们将她当作是自己人，她将学生们当成朋友般，与其平等而坦诚地交谈、分享自己的经历，最后，她不仅获得了学生们的信任、尊重，还巧妙地解决了早恋的问题。正如一句古老的格言："一滴蜜比一加仑胆汁能够捕到更多的苍蝇，人心也是如此。假如你要别人同意你的原则，就先使他相信：你是他的忠实朋友，即'自己人'。用一滴蜜去赢得他的心，你就能使他走在理智的大道上。"

所谓的自己人，就是指让对方将我们与他们划为同一类型的人。而自己人效应是为了让对方接受我们的观点和态度，我们就要试着与对方保持同体的关系，将对方与我们看成一个整体，这样我们所说的话才会让对方更易理解和接受。

心理学家表示，在社交场合中我们会发现，那些与自己有很多相似点或是有共同语言的人往往会被我们当成自己人，从而与其建立友好的关系。所以，当我们认为他人是自己人时，对方向我们表达某些观点或是要求，我们往往很难拒绝。

1860年，出生于平民家庭的林肯参加总统竞选。可是，他的竞争对手是出身名门望族且家世显赫的道格拉斯。为了能够赢得竞选，道格拉斯花重金组建了一支富丽堂皇的车队，每天都在街上做宣传、演讲。当时，他对竞争对手林肯嗤之以鼻，认为他就是一个乡巴佬，哪里有资本与自己竞争总统宝座。

很多林肯的支持者也为他担忧不已，因为道格拉斯的实力太强了。可林肯却一点都不在意，他每天都乘一辆寒酸的马拉车在街上发表演讲。有一次，他在演讲时说道："有人写信问我有多少财产。我有一个妻子和三个儿子，他们都是无价之宝。此外，我还租有一个办公室，里面有办公桌一张，椅子三把，墙角还有一个大书架，架上的书值得每个人一读。我本人既穷又瘦，脸蛋很长，不会发福，我实在没有什么可以依靠的，唯一可以依靠的就是你们。"

当他说完这一席话，在场的人都沸腾起来，围着他那辆寒酸的马拉车欢呼不已。反观道格拉斯，虽然他的豪华车队引得众人侧目围观，但却没有多少人支持他。最终，林肯在广大民众的支持下当选为美国总统。

可以说，林肯之所以能够顺利地当选总统，是因为他的观点站在大多数人的立场上，并用自己真切的言辞来打动那些选民，让对方将他当作自己人，从而获得人们的信赖，大力支持他当总统。

心理学家认为，在演讲中，由于听众是各种层次的，有的人愿意听，有的人不愿意听；有的人对演讲者的观点完全赞同，但有的人内心则有所抵触，甚至坚决反对。此时，不妨运用"自己人效应"，通过个人情感、经历等激发听众的共鸣，拉近彼此的心理距离。

比如，英国前首相丘吉尔在二战期间做圣诞演讲时曾这样说道："我今天虽然远离家庭和祖国，在这里过节，但我一点也没有异乡的感觉。我知道，这是由于本人的母亲血统和你们相同，抑或是由于本人多年来在此所得的友谊……在美国的中心和最高权力的所在地，我根本不觉得自己是个外来者，我们的人民讲着共同的语言，有着同样的宗教信仰，还在很大程度上追求着同样的理想。我所能感觉到的是一种和谐的兄弟间亲密无间的气氛……"

丘吉尔的演讲正是采用"自己人效应"来激发听众的强烈共鸣，从而让自己的演讲获得了极大的成功。

那么，在人际关系中，如何运用"自己人效应"实现高效沟通呢？在使用这个效应时应该注意哪些问题呢？对此，有专家总结出以下几点：

一是注重地位的平等。心理学家建议，如果我们想要获得他人的好感，首先要缩短我们与对方的心理距离，与其处于一种平等的地位上。在人际交往中，最忌讳的就是摆出一副居高临下的姿态，总喜欢教训他人，这样只会让人难以亲近和喜欢。因此，在社交场合中，不管是与人沟通的用语上还是态度上，我们都要注重平等。比如，多用"我们"等词汇，承认大家都是平等的。

二是让对方产生信任感。心理学家表示，在人际交往中，如果我们想让他人觉得我们的话中肯、在理、动听，就要增强信息传递的效力，即话语的客观性。比如，一个作家如果为自己的作品写评论，可能很难获得他人的信任，因为大家不关心他的写作能力，而是其评价的客观性。如果他不是中立的评论家，其可信度就会下降，所说的话也不值得相信。

所以，如果想要获得他人的信任，就需要付诸客观实践，以此让人们了解我们的主张、行动是为了大家，而不是为了自己。而实践会证明这一切，证明我们是不是"自己人"，是不是值得信任。

三是优化自己的个性品质。社会心理学家认为，内在品质往往能够让人保持持久的吸引力，如果个性特征存在瑕疵，则会影响人际关系，不利于"自己人效应"的产生和强化。据国外学者调查发现，大多数人都比较喜欢热情、友好、真诚的人，而对那些自私、冷酷、虚伪的人非常反感。

因此，心理学家建议，如果想要更好地运用"自己人效应"，不妨提高和优化自己的个人品质。比如懂得谦让、体谅他人；有责任感、做事善始善终；为人真诚、坦率；能够正确认识自己等。

四是提升自己的才华和魅力。研究发现，在人际关系中，当一个人越有才华和魅力，就越能受到他人的喜爱和关注。因为当一个人在能力、才华等方面比较突出，而且富有人格魅力时，自然就会产生一种吸引力，让其他人产生钦佩之情，打心底将他视为"自己人"，想要与他亲近。所以，为了更好地运用自己人效应，就需要我们提升自己的才华和魅力。

好心情效应：情绪胜于理智

小 A 和小 B 是同一家公司的员工，最近，领导让他们两个人出一套方案，有针对性地满足客户的需求。他们二人接到任务后，都积极进行策划，希望自己的方案能够通过。

当小 A 的策划方案做好后，他并没有第一时间发给领导，似乎在等待着什么；而小 B 在做完方案后直接发给了领导。当时，领导正在处理一个棘手的问题，可小 B 并没有洞悉这一切，将自己的方案发给对方后，急忙跑过去阐述方案的主旨。

可领导在听他讲解时，全程眉头紧锁着，等小 B 说完后，领导却表现得不甚满意，考虑再三后他让小 B 将方案重新修改一下。小 B 很不解，明明自己所做的方案比较全面，也符合领导所提的要求，为什么对方会不满意呢？

不久，当领导因为部门业绩做得不错而得到公司总裁的表扬、心情相当愉快时，小 A 便将自己的策划方案发给领导，并详细地向对方讲解了自己的方案。领导在听的过程中脸上一直挂着笑容。当小 A 说完后，领导很满意地说："不错，这个方案做得很好，接下来与其他部门协作执行吧。"

当小 B 看到小 A 的方案后更加不解：明明他的方案比小 A 更加全面，为什么领导不采纳自己的而那么乐于接受小 A 的呢？

其实，之所以会出现这种现象，就是因为"好心情效应"的缘故。所谓的好心情效应就是指当信息与好的心情联系在一起时，它们往往更有说服力。在人际交往中，这种效应常常被应用。

有心理学家经过研究发现，如果让人们一边享受美食一边进行阅读，他们往往更容易被说服；如果人们一边听着让人轻松愉快的音乐，一边聆听他人的意见，观点则更有说服力。这表明好心情能够增强说服力。

这是因为当人们处于良好的心情中时，他们会依赖外界的线索更快地做出决定；反之，当人们的心情处于消极的状态时，他们在做出决定前总是会有诸多顾虑，所以他们很难被说服。比如，上文小 A 和小 B 的领导正因为心情不同的原因，对他们二人所交的方案有不同的态度和决定。

在人际交往中，个人的情绪状态对有效沟通往往起到非常重要的作用。因为情绪能够通过我们的表情、语言、姿势等传递给他人不同的信息，并不知不觉地感染对方。如果我们情绪不佳，与他人沟通交流时，就会影响对方的情绪，从而导致社交受阻。

美国洛杉矶大学医学院的心理学家加利·斯梅尔曾经做过这样一个实验：他邀请一个乐观开朗的人和一个悲观厌世的人作为实验对象，然后让他们两个人待在一起。结果，不到 30 分钟，那个原来乐观开朗的人就变得郁郁寡欢。

随后，加利·斯梅尔又做了一系列的实验，结果都表明，仅仅在 20 分钟的时间内，一个人就会被他人不佳的情绪状态所影响和传染，而且这种传染往往是在不知不觉中实现的。

因此，心理学家建议，在社交场合中，我们应该努力用好心情来影响他人，这样才能实现高效沟通，才能建立良好的人际关系。

在日常生活中，当情绪处于高涨的状态时，我们会感到世界是那么美好，再大的烦心事似乎也能将其化为小事，而且认为它并没有什么大不了的。因此，我们与他人交往时，也会更容易做出决定，更友好地与对方相处。反之，当我们的情绪比较糟糕时，在做某项决定之前就会反复考虑，让本来简单的事情变得非常复杂，也会影响我们与他人之间的沟通、交流。

那么，如何才能让自己拥有一个好心情呢？如何才能更好地与他人沟通、交流呢？对此，有专家提出以下几点建议：

一是学会控制自己的情绪。在日常生活中，很多人的情绪常常会受到各种因素的影响，当遇到各种不如意或是遭到他人的反对等情况时，就会导致自己的情绪陷入低落的状态中，在与人交往时，就可能导致无效社交。

因此，专家建议，一定要学会控制自己的情绪，即培养积极乐观的心态，鼓励和积极地暗示自己，以此改善自己的情绪。当情绪处于不佳的状态时，问问自己是出于何种原因不高兴的，想想这件事是否真的那么重要。即使这件事很重要，也要用积极的心态来面对，而不能受其困扰，随后用行动来摆脱这些烦恼。

另外，也可以使用暗示的方法来调节情绪。如果导致我们情绪不佳的原因很难排除，此时，我们不妨先接受它，然后进行自我暗示，即自我鼓励，告诉自己"我一定可以""我是最坚强的"之类的话，从而调节好自己的情绪。

　　二是善用幽默。有专家表示，幽默不仅能让沟通交流的氛围更融洽，还能起到调节情绪的作用。当情绪处于低落的状态时，不妨用幽默感来调节自己的情绪，这会让我们糟糕的心情荡然无存，整个人立刻变得轻松、愉悦起来。

　　另外，还可以通过充足的睡眠来保证自己有个好心情。匹兹堡大学医学中心的罗拉德·达尔教授经过研究发现，良好的睡眠对人的情绪会产生很大的影响，如果睡眠充足，则会心情舒畅，看待事物也会更加积极乐观；如果睡眠不足，则会心情低落，凡事都会以消极悲观的态度来对待，更会影响我们的人际关系。因此，想要保持好心情，就要保证充足的睡眠。

　　三是用微笑传递良好的情绪。在人际交往中，想要拥有好情绪，就要学会微笑示人，因为微笑是社交的"秘密武器"，它具有很强的感染力，能够迅速拉近我们与他人的心理距离，更能表达出我们的善意。具有"旅店之王"之称的希尔顿就发现微笑是吸引顾客效果最长久、最简单易行的方法。

　　心理学家建议，运用微笑传递我们的情绪时，不妨运用两个小技巧：一是微笑时要有自信，即相信自己的微笑具有一种感染力，能够打动他人；二是微笑要真诚，笑容是否真诚，很容易被他人辨别出来，所以当我们微笑示人时，要饱含真诚，才会让他人感受到温暖，才有利于实现高效沟通，避免无效沟通。

南风效应：多给对方以温暖

小枫是一名初三的女生，最近，她的班级中调来一位阳光帅气的男体育老师，这让正处于青春期的小枫顿时对其产生了好感，虽然她想要隐藏自己对那位体育老师的情感，但愈是隐藏愈按捺不住内心的爱意。于是，在一个晚自习上，她用手机给那位老师发了一条表达自己爱意的短信。

可在第二天，小枫又有些后悔了，因为她听其他同学说，那位体育老师已经有女朋友了，这让她感到相当后悔，同时也恨自己太过鲁莽。她心里不由地猜想：体育老师看了那条短信后肯定会私下来找自己谈话；可能这件事还会被其他老师和同学知道，他们知道后必然会嘲笑自己的；父母可能也会知道这件事。所以，她越想越紧张，想着以后再上体育老师的课该怎么办呢？

可是，小枫预想的一切根本就没有发生，体育老师根本就没有找她谈话，上课时还像以前那样；其他老师和同学也没有对她议论纷纷；父母更没有打电话提及那件事。此时，小枫的内心才渐渐安定下来，但还有点顾虑和紧张。

有一天，体育老师在上课时对同学们说："以后你们去水房打水或是做其他事时千万不要拿着手机，前两天我去打水时，一不小心将手机掉进了水槽中，后来拿去修才发现，电话联系人和信息都没有了。这两天的短信也看不到了，也不知道有没有人给我发短信或是打电话。"当小枫听了这件事之后，心中的一块大石头终于放了下来，之后她开始认真学习，好像事情没有发生过一样。

其实，那位体育老师的手机根本就没有掉进水槽中，小枫给他发的短信他也看到了，本来他想将这条短信给小枫的班主任看，但担心班主任严厉的说教只会让正处于青春期的小枫更加叛逆。因此，为了不引起轩然大波，更为了让小枫专心学习，他使用了善意的谎言，借故说自己的手机掉进水中，没有看到前两天的短信。

其实，这位老师的做法就是"南风效应"。这个效应来源于法国作家拉封丹的一则寓言：

南风与北风比赛谁的本领更强大，于是他们决定看看谁能够在最短时间内将路上行人的衣服脱掉。北风抢着嚷道："我先来。"于是，它用力地刮起了一阵寒风，可行人感到非常寒冷，他们将衣服裹得更紧了。随后，南风缓缓地吹动着暖风，行人顿时感到很温暖，开始将衣服的扣子解开，并脱掉了外套。结果，自然是南风获得了胜利。

很多人认为，北风的威力更强大一些，为什么结果却是它输了呢？因为南风采用的是"软手段"，让人感受到了温暖，而北风采用"硬手段"，让人难以接受，自然就会产生抵触心理。因此，心理学家将这种现象称为"南风效应"。在人际交往中，用南风效应处理人际关系，会让人们在生活工作中更能感受到温暖，从而建立良好的人际关系，实现高效沟通。

特别是在企业管理中，领导更应该学会使用南风效应，对下属给予足够的尊重和关心，才能让他们感受到温暖，从而激发他们的工作积极性。在日本，大多数公司都懂得运用南风效应来关怀自己的员工，给予他们家庭般的情感抚慰。日本著名企业家岛川三部曾自豪地说："我经营管理的最大本领就是把工作家庭化和娱乐化。"索尼公司董事长盛田昭夫也说："一个日本公司最重要的使命，是培养它同雇员之间的关系，在公司创造一种家庭式情感，即管理人员和所有雇员同甘苦、共命运的情感。"

所以，日本很多企业虽然内部管理制度非常严格，但又最大限度地给员工尊重和关心。比如，记住员工的生日、关心他们的婚丧等私事、关心其家属的情况，让员工的家属也深切感受到企业的温暖。

有句话说得好："得人心者得天下！"在企业管理中，只有真正俘获员工的心，才能让他们更愿意为公司效力，才能创造更多的效益，培养员工的忠诚度，这样才会让企业在市场竞争中无往而不胜。

在教育中也是如此，如果我们懂得采用南风效应与学生沟通，平心静气地与他们讨论问题，真诚地关心他们的学习生活，自然就会形成和谐、融洽的集体氛围和师生关系。

陶行知曾在某小学校中担任校长一职。有一天，他在校园闲逛时发现一个男生正准备用泥块砸向另一位学生，他立即上前制止了对方，并让那个男生放学之后到校长办公室来。

放学后，那个男生就在校长室等待校长一番暴风骤雨般的训斥。可等了好一会儿，一直不见校长的身影，但他依然乖乖地站在那里等着。又过了一会儿，陶行知才回来，但他并没有劈头盖脸地训斥那个男生，而是走到他跟前，从口袋中拿出一块糖递给他说："这是奖励你的，因为你按时来到了校长室，而我却迟到了。"那个男生很惊讶地接过糖。

接着，陶行知又拿出一块放到那个男生的手上，说："这块糖也是奖励你的，因为当我禁止你朝同学扔泥块时，你立刻住手了，这表明你懂得尊重我。"那个男生更诧异了，他不知道该说什么。随后，陶行知又拿出第三块糖果放在他的手里，说："我已经调查了，原来你用泥块砸那个学生是因为他们不遵守游戏规则，欺负女生，而你砸他们，表明你很正直，敢于同'坏人'对抗。"

此时，那名男生后悔地说："校长，你骂我吧，是我做错了，那些人并不是'坏人'，而是我的同学。"陶行知听后，满意地笑了，说："你能认识到自己的错误，那我就再奖励你一块糖吧。不过，这是最后一块糖了，糖没有了，我与你的谈话也结束了。"

可见，温暖的"南风"比凛冽的"北风"更容易取得意想不到的效果，在人际交往中也更能实现高效沟通。那么，在运用南风效应时应该注意哪些问题呢？对此，有专家提出以下几点建议：

一是顺应他人的需求。专家指出，在人际交往中，想要实现高效沟通，就要注意沟通的方法和手段，既不能运用简单粗暴的"北风"模式与人交流，但也不能毫无原则地使用过度温柔的"南风"，而应该做到不"滥用"风，顺应他人的内在需求，实现高效沟通。

二是不能戴有色眼镜。在人际交往中，我们不能戴着有色眼镜来看人或是用人，而是要懂得用和煦、温暖的"南风"吹到对方的身上，温暖对方的心，进而实现高效沟通。

　　三是不要吝啬我们的温柔。如果我们像北风那样冷漠，必然会因为沟通不顺而造成无效社交。可是如果我们不吝啬我们的温柔和热情，与他人交往时，设法唤起对方的情感共鸣，则会让沟通更顺畅。

暗示效应：强大的心理影响

有一次，曹操率领军队去攻打张绣，他们日夜兼程，而当时正值酷热的夏季，因为疲劳再加上天气非常热，导致很多士兵都筋疲力尽，浑身困乏无力。可是，他们所走的路上到处都是荒山野岭，也没有可饮用的水源，所以他们每走一步都感到非常困难，汗珠大颗大颗地落下，渴得嗓子都快冒烟了，嘴唇也因为长时间缺水如干裂的土地般。即使这些士兵非常强壮，也渐渐支撑不住了，有的人甚至中暑死去。

曹操见此非常心疼部下，同时内心也是万分焦急。他让士兵们先在一个地方休息，自己骑马到前面的山岗上登高查看附近有没有水源。可他到了山岗上，依然没有发现任何水源，只有一望无际的干裂土地。想想士兵们都已经渴得受不了了，肯定很难再坚持下去了。此时，他不免感到担心：如果一直这样下去，不仅会贻误战机，还会损失更多的将士。到底用什么样的方法才能鼓舞大家的士气，激励他们走出这片干旱的土地呢？

突然，他计上心来，想到了一个好方法，他骑马快速奔回来，对士兵们说道："前面不远处就有一大片梅林，而且梅子又大又甜，大家不妨再坚持一下，走到那边就能吃到酸甜的梅子解渴了。"士兵们一听，好像自己已经吃到酸甜可口的梅子了，顿时精神为之一振，浑身充满了力气，加快脚步向前走。就这样，曹操终于带领着将士们走到了有水的地方。

其实，曹操之所以能够带着筋疲力尽的将士们走出困境，是因为他采用了心理学中的暗示效应，从而获得了出人意料的效果。所谓的暗示效应，是指"在无对抗的条件下，采用含蓄、抽象等间接方法来对人们的心理和行为进行诱导，从而让人们按照一定的方式去行动或是接受对方的观点，并让其思想、行为与暗示者的期望相吻合"。

有心理学家曾做过这样一个实验：他邀请 10 名志愿者作为实验对象，让他们穿过一个伸手不见五指的房间。在他的引导下，这 10 名志愿者很快就通过了。之后，心理学家打开房间中的一盏灯。此时，那些志愿者借着微弱的灯光发现，房间的地面上有一个大水池，水池中有好多鳄鱼，而他们刚刚走过的地方竟然是一个又窄又矮的独木桥，他们看完之后不由得冷汗直冒。

这时，心理学家问道："如今，你们谁愿意再次穿过这个房间呢？"过了好一会儿，才有 3 个志愿者慢腾腾地站了出来。第一名志愿者非常小心且慢慢地走过了独木桥；第二名志愿者则是颤巍巍地走上了独木桥，但走到一半时，他害怕得蹲了下去，结果从独木桥上爬了过去；而第三名志愿者站在独木桥上还没有走几步，就不敢再前进了，最终退了回来。

此时，心理学家又将房间中的其他灯都打开了，灯光将房间照得非常明亮。这时志愿者才发现，在独木桥的下面装有一张安全网，由于网线的颜色相当浅，再加上刚刚的光线比较暗，所以他们没有注意到这张网。于是，心理学家又问剩下的 7 名志愿者："如今你们谁愿意穿过这座独木桥呢？"这时有 5 个人站了出来。心理学家问最后剩下的两个人："你们为何不敢通过呢？"他们两个不约而同地问道："这个网结实吗？"

可见，志愿者能否成功地通过独木桥，会受到内心强烈的心理暗示的影响：第一次在心理学家的引导下，他们并不知道周围的环境，所以很顺利地通过了；可当房间的灯打开后，他们发现了可怕的场景，便受到强烈恐惧的心理暗示，只有极少数人敢尝试走过独木桥。

在人际交往中，暗示效应就像是一把双刃剑。如果我们运用积极的方式来暗示他人，比如激励、赞许等，对方就会受到积极的暗示影响，从而让对方树立信心，设法战胜困难；反之，如果我们用消极的方式来施加暗示影响，比如批评、漠视等，则会让对方受到消极暗示的影响，给对方带来更多的痛苦和压力，还会影响对方的身心健康。

2001 年，在春晚舞台上由赵本山、高秀敏、范伟饰演的小品《卖拐》就是采用暗示效应。范伟表示，自己虽然脸有些大，但腿是很健康的，没有任何问题。可卖拐的赵本山却对他说："脸大，那是腿部末梢神经坏死，把脸憋大了。"此时，范伟就说，自己的左腿是没有问题的，只不过小时候右腿曾经摔过。于是，赵本山就开始忽悠道，"那是转移了"，让范伟把左腿跺麻后走一圈儿，肯定会有不适感。当范伟听到"末梢神经坏死""转移"等医学上的专业用语时，他便渐渐相信了自己的腿有问题，这就是暗示效应发挥了极强的影响作用。最终，范伟对自己的左腿患有疾病深信不疑，痛快地将那副拐买了下来。

因此，心理学家建议，在日常生活中，我们要认真对待各种语言暗示、动作暗示、行为暗示等。在与人交往时，当感觉到他人的暗示对我们的身心造成影响和改变，要客观分析暗示的来源、原因，尽量做到接纳积极的暗示，摒弃消极的暗示；反之，当发现他人有可能受到我们的暗示影响时，要注意暗示的方式和度，尽量让对方接受积极、适度的暗示，防止因为消极的暗示导致对方心理或是行为等出现不适的状况。

那么，如何运用暗示效应，进行积极的自我暗示呢？对此，有专家提出以下几点建议：

一是掌握好时机进行暗示。有心理学家曾说："当我们的头脑处于半清醒状态时，是潜意识最愿意接受信息的时刻，进行潜意识的接收工作是最理想不过的了。"所以，在早晚睡前或是醒来后，不妨把握这个时间进行自我暗示，每次花上几分钟的时间让自己身心放松，进行自我谈话，将自己的优点和特长描述给自己听，或是用简短的语言给予自己积极的心理暗示。比如，当学习或是工作遇到困难时，告诉自己"我能行"；当与他人产生误会时，对自己说"没有解不开的结，找个机会与对方坦诚沟通"……

二是反复进行积极的心理暗示。美国有位心理学家曾说过："无论什么见解、计划、目的，只要以强烈的信念和期待进行多次反复的思考，那它必然会置于潜意识中，成为积极行动的源泉。"比如，美国某位拳王每次在回答完记者的提问后都会说一句"I'm the best！（我是最好的）"，这就是在反复运用积极的暗示效应，从而给予自己强大的激励，让自己永远充满自信。

三是养成积极心理暗示的习惯。有位心理学家曾说："我们的神经系统是很'蠢'的，你用肉眼看到一件喜悦的事，它会做出喜悦的反应；看到忧愁的事，它会做出忧愁的反应。"当我们习惯想象快乐的事情时，神经系统就会习惯性地让我们处在一种快乐的情绪状态中。所以，在日常生活中，我们要经常告诉自己一些积极的话，比如"我今天很快乐""与某某相处很愉快"等。习惯运用积极的心理暗示后，我们会发现不管是处理自己的事情还是与其他人沟通，都会非常顺畅。

赞美效应：别吝啬你的赞美

在戴尔·卡耐基很小的时候，很多人都认为他是一个坏孩子，即使他的父亲也不例外。在他 9 岁的时候，父亲迎娶了一位富有人家的姑娘当他的继母。

当父亲介绍卡耐基时，对新婚妻子说："亲爱的，当你在这个家庭中生活时要特别注意这个男孩，他是一个坏小子，我对他已经无可奈何了，不知道该如何管教他。可能某天早上，他会向你丢石头或是做出让你难以预料的坏事。"卡耐基听完父亲的话，本以为继母会非常鄙视和瞧不起他。

可他没想到，继母却微笑着走到他面前，蹲下身子认真地看了看他之后，转过脸对丈夫说："你错了，他并不是这个村子中最坏的孩子，而是非常聪明、具有创造力的孩子，只不过现在他还没有找到可以发泄他热情的地方。"听了继母一番赞美的话语，卡耐基内心很感动，眼泪几乎要掉下来了。因为在此之前，他从来没有听过他人的赞美，认识他的人都说他是一个坏孩子，甚至他的父亲也是这样。可继母这句赞美、鼓励的话却改变了他的命运。

之后，卡耐基与继母建立了深厚的感情。在他 14 岁的时候，继母给他买了一部二手打字机，并对他说"相信你会成为一名作家"。

当卡耐基接受继母的礼物和期望后，开始认真地写作，向当地的报社投稿。正是继母的鼓励和赞美，激发了卡耐基的想象力和创造力，成为美国著名的作家，还创造了28项黄金法则，帮助众多的人走上了成功的道路。

一位心理学家曾说："赞美是对一个人价值的肯定，而得到你肯定评价的人，往往也会怀着一种潜在的快乐心情来满足你对他的期待，这在心理学上叫作赞美效应。"赞美能够给予他人一种强大的支持力量，让对方鼓足勇气面对和克服困难，树立自信心。卡耐基正是因为继母的赞美和激励，才让他创造出辉煌的成就，开启了不一样的人生。

心理学家赫洛克曾做过这样一个实验：他邀请一些志愿者作为实验对象，并将其分成表扬组、受训组、忽视组、控制组4个小组，然后在不同反馈的情况下分别完成任务。

表扬组的志愿者每次完成任务后，心理学家都会给予表扬和鼓励；受训组的志愿者在完成任务后，心理学家则会对其严厉训斥和责骂；忽视组的志愿者每次完成任务后，心理学家不会对其进行任何形式的评价，而是让他们静静地听其他两组的队员接受表扬和受训；控制组的志愿者则与其他三组进行隔离，心理学家也不会给予他们任何形式的评价。

实验结果显示，前三组完成任务的情况都要比控制组更好；表扬组和训斥组显然比忽视组更加优秀，而且表扬组的成绩一直处于不断上升的状态。这个实验表明，当人们完成任务后，要对其工作成果进行及时的评价，才能强化其工作动机，提高他们的工作积极性；适当地赞美和表扬要比批判的效果更好；批判的效果则要优于不给对方任何评价。

著名心理学家杰丝·蕾尔曾说："对于人类的灵魂而言，称赞就如同阳光一样，没有它，我们便无法健康成长。不过，我们大部分人只是敏于躲避他人的冷言冷语，而自己却吝于将赞许的阳光给予他人。"在日常生活中，每个人都渴望得到他人的赞赏，也都惧怕受到他人的批评。

可以说，赞美的语言就像是魔术师的魔法棒，能够奇迹般地改变一个人的命运。正如成功学大师拿破仑·希尔所说："人类本性最深的需要是渴望他人的欣赏，所以我们要多夸奖他人。"因此，在人际交往中，不管对方是何种身份的人，我们都要懂得赞美对方某个优点，对方就会尽全力维护自己的这份美誉，生怕辜负了赞美者。

在某大型公司中有一位默默无闻的清洁工，他每天的任务就是清扫公司中的每个角落。本来，他一直是被众人忽视、看不起的角色。可在某个晚上，当小偷到公司行窃时，他却与对方进行了勇敢的搏斗，并将小偷制伏，从而没有让公司遭受任何损失。

事后，他被公司高层提升为公司的保安人员，而他之所以能够勇猛地制伏小偷，是因为他每次做清洁工作时，有位公司领导走过他身边，总会赞美道："你清扫得真认真啊，看着公司一尘不染，真让人舒服。"正是这样简单的一句赞美的话，让这位清洁工备受感动，也对那位公司领导深表感激，在关键时候他便挺身而出，捍卫公司的利益。

德国著名思想家歌德曾说："赞美他人会使别人愉快，更会使自己身心健康，被赞美者的良性回报会使我们更为自信，也会使我们更有魅力。一句赞美的话胜过一剂良药，真诚的赞美来自内心深处，是心灵的感应，如同和煦的阳光，能使人受到感染，甚至是一种拯救。"可见，赞美在人际交往中是多么重要。那么，在社交中如何运用赞美效应呢？如何称赞他人呢？对此，专家提出以下几点建议：

一是赞美的话语要新颖。如果一个女孩本身就很漂亮、皮肤很白，自然会经常听到"你很漂亮""皮肤很白"之类的赞美之词。如果我们与对方交往时，还是说那些陈旧的赞美之词，只会让对方听到后很无感。再如，一位将军的作战指挥能力非常强，每次听到他人赞美自己的统帅能力时他都不会放在心上，可有一次他听到别人赞美自己的大胡须时，顿时感到很开心，愉快地与对方进行了交谈。

因此，专家建议，在人际交往中，要学会使用一些新颖的赞美之词，才会让对方感到满足，才会更愿意与我们交流，从而实现高效沟通。

二是恰如其分地赞美。在人际交往中，如果我们对他人的赞美不得体，不仅会引起对方的反感和排斥，还会造成无效社交的局面。比如，当一个女生正在为自己的身材太过消瘦而苦恼时，我们赞美她身材苗条、纤细，怎么会让对方感到开心呢？因此，专家建议，为了能够与他人沟通得更顺畅，我们应该善于发现对方引以为豪的地方，然后对其进行恰如其分的赞美。

三是赞美要坦诚。心理学家指出，赞美他人的第一准则就是要有真诚的态度，而言词能够体现出赞美者的心理。如果态度比较轻率，说出来的话就会很容易被对方识破，从而让对方内心产生不悦。比如，当看到一个孩子表情呆滞地坐在一边，我们对孩子的妈妈说"你家宝宝看起来真是聪明",这种赞美就变成了一种讽刺,对方听后就会感到不愉快。因此,赞美他人要坦诚,说出的赞美之词才会有效果,他人听到后才会感到入耳入心,从而更愿意与我们进行沟通、交流。

布朗定律：找到心锁的钥匙

　　1947 年，东巴基斯坦脱离印度独立后，很多不愿在东巴基斯坦生活的难民都跑到了加尔各答。当时，各种传染病无法控制，在加尔各答的街头肆意传播着。

　　1948 年，一位虔诚的修女得知这个情况，为了拯救受难的民众，她只身一人到了印度。当她看到当地的人们因为生活困苦而衣衫褴褛，甚至没有一双鞋可穿时，她毅然决然地将自己的鞋子脱下，因为她认为只有自己也不穿鞋子，才能让当地人觉得她与他们没有什么不同，才能真正走近他们，更好地帮助对方。

　　当时，戴安娜王妃听说了这位修女的事迹后，她决定去印度对她进行拜访。可是，当戴安娜王妃见了赤脚走在地上的修女之后，她为自己穿着洁白的高跟鞋而感到羞愧不已。

　　后来，中东发生了战争，这位修女只身一人到了战场上。当交战双方看到这位修女时都不约而同地停止了战斗，眼看着她将战区中的妇女和孩子一一救出去。

　　当这位修女在印度去世时，印度举国上下的民众都为此悲痛不已。在她的灵柩经过的地方，没有人会站在楼上，因为没有任何人愿意自己站得比她还高。她去世时，她的双脚依然没有穿着鞋子，这向世人宣告，她永远与贫苦的民众平起平坐。

这位修女的名字叫特蕾莎，是世界著名的天主教慈善工作者，一生都在为贫苦的穷人服务，致力于改善人民的困苦生活。在1979年，她曾获得诺贝尔和平奖。

其实，特蕾莎修女的故事表明，在人际交往中，想要实现良好的沟通，就要找到打开他人心灵之锁的钥匙，知道他人最在意的是什么，这样我们才能了解他人的意愿，有的放矢地采取行动。这种现象被称为布朗定律，是由美国职业培训专家史蒂文·布朗提出的，就是指一旦找到了打开他人的心灵之锁的钥匙，就可以反复使用这把钥匙来开启对方的心锁。

在日常生活中，我们常常有这样的经历：当与他人交流时，难免会由于某些原因而导致沟通失败。即使我们非常乐意与对方交谈，但对方好像处于"绝缘"状态，对我们所传递的信息充耳不闻，拒绝与我们沟通。比如，当我们与公司的某个同事聊天时，本来打算与他好好地畅聊一番，可他的内心就像是上了锁似的，我们还没有说两句话，就吃了闭门羹，交谈不下去了。

其实，这可能是因为对方遭遇了非常难过的事情或是遇到了巨大的挫折等，比如亲人离世、失恋、工作变动等，使得他们判若两人，甚至变得有些反常、奇怪。即使对方可能曾经给我们留下不错的印象，而且曾与我们沟通得非常融洽，但现在却变得难以沟通。遇到这种情况，我们该怎么办呢？

有些人可能会感到非常失望，只好作罢，不再与对方沟通。其实不然，心理学家表示，当遇到这种看似困难的沟通问题时，我们不应该就此作罢，而是要采用一定的技巧，慢慢地接近对方，走进对方的内心深处，找到开启对方心锁的钥匙，问题也就迎刃而解了。反之，如果我们找不到打开他人心灵之锁的钥匙，就会无法继续沟通下去，从而导致无效社交的结果。

那么，在人际交往中，如何才能与他人愉快地沟通呢？如何才能找到打开他人内心的钥匙呢？对此，有专家提出以下几点建议：

一是善于观察，找到实质性的问题。与人交往时，当我们发现对方就像就一个"绝缘体"，闷闷不乐，总是不愿与人讲话，缺少沟通的欲望时，我们不妨仔细观察导致其郁闷的根源。正所谓"水平不流，人贫不语"，这表明对方可能是一个"贫者"。不过，原因可能有多种：可能是他的奖金被扣了、亲情或是友情遭遇了重创。了解这些原因后，还要深究具体的情况，才能深入分析，做出正确的判断，最终，配上合适的钥匙，打开对方的心灵之锁。

比如，小程是公司的老员工了，但最近领奖金时，他发现竟然少发了，这让他很不开心。当领导与他沟通工作上的事情时，他表现得闷闷不乐，工作也没有之前那么积极了。后来，领导多番了解后得知了具体原因，原来是这个月少给他发了1000元的奖金。于是，领导向小程解释，由于这个月公司的效益不好，所以员工们的奖金都减少了，下个月公司效益提升了，一定会补发的。领导果然说到做到，下个月按时补发了小程的奖金。之后，小程的工作又变得积极起来了。

二是找到他人的兴趣所在。专家建议，在与他人沟通时，我们需要牢记，我们的话是说给他人听的，而不是说给自己听的，所以不仅要让自己说得痛快，也要顾及对方的兴趣所在，谈论对方感兴趣的话题，对方才会更愿意听我们说、更耐心听我们说下去。如果我们能找出他人感兴趣的焦点，就会沟通得非常顺畅。

比如，一位推销员向一个客人推销商品，起初，对方对推销员所推销的东西并不感兴趣，所以有一句没一句地敷衍着。后来，推销员发现对方从包中拿出一个赛车的模型在手里把玩着，正好推销员对赛车也有一定的了解。于是，他不再说自己推销的产品，而是与对方谈论起赛车。果然，对方立刻眉飞色舞地与他交谈着。最后，对方还很高兴地买了推销员所推销的产品。

三是学会打"感情牌"。有心理学家指出，人是一种具有情感的高级动物，沟通的实质就是打"感情牌"，即通过感情进行交流，而不是以思想观点来沟通。所以，当与他人沟通时，不要将沟通都寄托在思想交流、说教上，而是善于运用感情，才能让沟通更容易。

比如，触龙说赵太后，就大打"感情牌"。先是嘘寒问暖，拉近他与太后的心理距离，然后说出自己与太后有同样的处境：疼爱小儿子，并与爱女做对比。最后，动之以情、晓之以理，成功地说服了赵太后将自己的小儿子长安君送到齐国做人质。

移情效应：赢得好感的捷径

有一天，继位前的宋徽宗赵佶在皇宫中遇到了王诜，正巧他的头发有些乱，却没有带篦子在身上，于是他向王诜借篦子梳头发。当赵佶接过王诜的篦子后，发现这个篦子做工非常精美，他立刻爱不释手，一直夸赞王诜的篦子精巧。王诜见此，就对赵佶说："最近我正好做了两副同样的篦子，有一副篦子一直放在家没有使用过，过一会儿，我让下人将篦子给您送过来。"

晚上，王诜让家中的小吏高俅给赵佶送篦子。当高俅来到赵佶的府中时，赵佶正在与下人踢蹴鞠。于是，高俅只好在一边观看并等待着。只见，赵佶在场上兴致很高，踢得也很好。而高俅也是踢蹴鞠的行家，对蹴鞠很有研究。当他看到赵佶踢得不错时，就在一边大声喝彩："这球踢得好极了。"

赵佶见此，便让他前来与自己对踢蹴鞠。高俅进场后，既表现得自己很会踢蹴鞠，又让赵佶玩得非常尽兴。这让赵佶非常喜欢，在踢蹴鞠结束后，他对下人说："你去告诉王诜，我将篦子与送篦子的人都留下了。"

正是因为赵佶喜欢踢蹴鞠，而高俅的蹴鞠技术相当高，所以赵佶非常喜爱高俅。赵佶当了皇帝后，高俅也成了他的宠臣，日后平步青云。

其实，高俅之所以能够发迹，正是因为他懂得蹴鞠，而宋徽宗恰巧非常喜欢蹴鞠，才会爱屋及乌，对高俅宠爱有加，为其加官晋爵。心理学家指出，移情效应是一种心理定式，之所以会产生这种效应，是因为每个人都有"七情六欲"，人与人之间很容易产生情感上的好恶。正如古人所说的那样："爱人者，兼其屋上之乌。"这就是移情效应的典型表现。在人际交往中，如果我们能够以他人喜欢的人或物作为媒介，就能据此揣测和掌控他人的心理，与对方建立良好的人际关系。

刘过是南宋有名的词人，他素来欣赏辛弃疾有才华，便想方设法结识对方。后来，他听闻辛弃疾特别喜欢饮酒，便想以酒会友。有一天，他到辛弃疾的府中想要拜访对方，可因为他衣衫破旧，门口的守卫便不让他进门。于是，他在门口故意大吵大闹。

此时，辛弃疾正在家中与其他宾客饮酒，听到吵闹声便出来一探究竟。当辛弃疾发现他虽然衣衫褴褛，但很有气度，于是将其请入府中与大家一起饮宴，刘过不卑不亢地坐在那里喝起了酒。

当他们饮酒正酣时，有一位宾客问刘过："听闻先生不仅喜欢作词，对诗也有研究？"刘过谦虚地回答道："关于诗词，我也是略知一二。"此时，正好有下人端上来一碗羊腰羹，于是，辛弃疾就让他以此为题，即兴作诗一首。刘爽豪爽地回应道："天气比较寒冷，应当先畅快地喝酒暖暖身，再作诗也不迟。"

辛弃疾立刻让下人为刘过斟了满满一碗酒。由于刘过衣衫单薄，天气比较寒冷，所以他的手早已冻僵，当他接过酒杯时，双手颤抖不已，酒都流到了衣襟上。辛弃疾见此，就请他以"流"字为韵。刘过沉思了片刻，立刻作了一首既切题而又符合当时场景的诗："拔毫已付管城子，烂胃曾封关内侯。死后不知身外物，也随樽俎伴风流。"

辛弃疾听后对刘过所作的诗赞赏不已，认为他的确是一个人才，于是，立刻邀其共饮。在宴会结束后，辛弃疾还赠送他不少礼物。之后，两个人便成了莫逆之交。

因为辛弃疾与刘过都喜欢喝酒和舞文弄墨，本来不相识的两个人却以酒以文为媒介实现了顺畅沟通，更以此为桥梁建立了深厚的友谊。其实，这正是移情效应的应用，即在人际关系上采用"投其所好"的做法，让对方爱屋及乌，进而与自己建立良好的人际关系。

因此，有心理学家建议，在社交场合中，如果我们想要沟通得更加顺畅，想要获得他人的好感，首先要知道对方喜欢什么，以对方喜欢的人或事作为媒介，让对方将对那些人或事的喜欢之情转移到我们身上，从而实现高效沟通，建立良好的人际关系。

在日常生活中，我们仔细观察会发现，那些善于交际的人总是喜欢说"朋友的朋友就是我的朋友"之类的话，这就是把对自己朋友的情感迁移到与其相关的人身上。一般来说，这类人往往很受欢迎，自然会有不错的人缘。

不过，值得注意的是，心理学家经过研究发现，不仅喜爱的情况会产生移情效应，讨厌、嫉妒、憎恨等情感也会产生移情效应。比如，在《神雕侠侣》中，黄蓉之所以不怎么喜欢杨过，并对他一直处于纠结的情绪中，就是因为她讨厌和憎恨杨康。

除此之外，移情效应还被应用到人们所接触的各种品牌广告中。如今，很多公司为了让自己的品牌传播力度更大，就会邀请明星作为形象代言人来为自己的品牌发声。因为他们想要通过明星在公众心目中的形象和自己的产品形成关联，从而让大众因为喜欢某个明星而喜欢企业的产品，并购买其品牌产品。

不过，移情效应在品牌推广中往往是一把双刃剑，这意味着企业一旦选定某个代言人之后，明星的道德水准和生活形象都将与其品牌内涵息息相关。如果代言人是正面的、积极向上的，则会为品牌传播带来强大的明星效应，反之，如果代言人陷入各种丑闻中，则会给品牌形象造成损害。

调味品效应：适当讲讲废话

安冉是某网店的客服人员，她在这个行业已经做了两三年了，不管遇到什么样的客户，她总是能与对方沟通得很融洽，所以，同事都称呼她为"交际达人"。其实，她之所以能够与买家沟通得那么顺畅，是因为她喜欢与对方说一些"废话""闲话"。

有一天，一位买家买了一件衣服，试穿后感觉肩膀有些宽了，到客服安冉这里要退货。可是，这位买家已将购买的衣服洗了，网店老板表示，洗过的衣服是绝对不能退货的。

这让作为客服的安冉很为难，她只好对买家说："妹妹，衣服不能让你满意，我对此很抱歉。不过，如果你执意要退货的话，那我就先把钱退给你吧，然后我自掏腰包买下这件衣服。我这样做，不为其他，只为交你这个朋友。可是，这件衣服对我来说太大了，我也穿不了，买了之后只能将其放起来了。但这没关系，比起让你满意购物，我这点损失不算什么。"

对方听后感觉有些过意不去，她对安冉说："算了，我不退了，毕竟你也只是一个客服，决定权并不在你这里，我也不能太难为你了。其实，这件衣服只是肩膀有些宽，其他地方还是挺合身的，也怪我自己的身材比例有问题，在商场很难买到称心的衣服，其实并不关衣服的事。姐姐，你做事已经很周到了，为我考虑这么多，我交定你这个朋友了。"

听了对方的话，安冉真诚地说道："妹妹，遇到你也是我的福气，能够这么体谅我们做客服的。以后妹妹只要来我们网店买衣服，只要老板允许，我都会给你最优惠的价格。"一番沟通后，买家不仅没有退货，又买了两件衣服。

不要小看安冉那些"废话"，这些看似闲话的内容却能拉近她与对方的心理距离，让对方看到她的诚意，从而将棘手的问题解决掉，这种现象就是"调味品效应"。所谓的调味品效应，就是指在人际交往中应该适当说一些"废话""闲话"，以让我们与他人产生心理交融，因为这些话看似"废话""闲话"，却能起到类似调味品的作用。如同在烹饪菜肴时，如果所用的调味品过多，就会导致菜的味道过重；如果放得太少，则会淡而无味。只有放的调味品量恰到好处，才能让菜肴更加美味。

因此，心理学家建议，在人际交往中，要学会使用调味品效应，在与他人沟通的过程中多说一些"废话""闲话"，才能让两颗心靠得更紧，才能让彼此的沟通更为融洽。

特别是在夫妻间，本来双方的感情基础不错，可由于平时忙于工作，回家后也是忙着照顾孩子、做家务，两个人因为沟通少而影响了彼此的关系。可双方彼此总是认为，在一起生活了这么久，有些事两个人不需要说得太明白，对方也应该懂得，也能心领神会的。可实际上，对方常常会妄加猜测，从而引起不必要的误会和矛盾。

比如，当一对夫妻结婚多年后，妻子想要通过装扮自己来引起丈夫的注意。但在丈夫眼中，他认为两个人都已经是老夫老妻了，看了这么多年了，也没什么可看的了。所以，他对妻子的装扮总是不屑一顾，更不会给予赞美。这就让妻子感到丈夫不理解自己、不欣赏自己，甚至会产生自己已被丈夫抛弃的感觉，从而闷闷不乐，不愿与丈夫多交流一句。

因此，专家建议，夫妻之间如果想要增进彼此的感情，不妨使用一些"调味品"，多聊些闲话，随时让对方明白自己内心所想，说出自己对对方的欣赏和喜爱，才能消除彼此的误会与隔阂。因为越是了解自己的人越需要经常沟通，分享彼此的感受，才能做到相互理解，感情更加稳固。

老师与学生之间也是如此。由于老师每天都有很多事情要做，不管是上课还是下课都是说一些精炼的话，甚至一点多余的废话都没有。那么，学生与老师之间的感情就不易沟通，因为老师根本就不知道学生在想什么，喜欢什么样的教课方式，自然就会陷入无效社交中。因此，专家建议，在教学过程中，老师在认真紧张的课堂教学之后，不妨与学生说一些"废话""闲话"，不仅能够调动学生们的胃口，也能放松他们的心情，从而更深入地了解对方，实现高效沟通。

比如，在某个活动中，老师还没有到教室，几个平时就比较调皮的学生在后面开始演起了情景剧。有一个学生自称是"校长"，还向其他学生训话。老师进来后，并没有指责他们几个，而是兴致勃勃地加入其中。可后来老师一连问了那个学生几个比较专业的问题，他却答不上来。此时，老师才认真地劝说，不管将来做什么都要有知识、有文化才行，所以现在就要好好学习，要不什么都不懂，只能贻笑大方了。几个调皮的学生听了后，慢慢地变得比以往更爱学习了。

为何调味品效应会有这么大的作用呢？它在人际关系中的意义有哪些体现呢？对此，有专家总结出以下几点：

一是润滑作用。众所周知，调味品既不是直接食用的主食，也不是什么主菜，更不会被人们所注意。可是，一道菜是否美味，却完全靠它。在人际关系中也是如此，运用调味品效应能够起到润滑的作用，缓解尴尬的场面和紧张的气氛，让彼此的心理状态得到舒缓，还能给众人带来欢笑，从而让人际关系变得更加和谐、融洽。

二是调味作用。调味品，顾名思义，它有调味的作用，能够让人的胃口大开、食欲增加。在社交场合中，如果我们想要发展良好的人际关系，想要沟通得更加顺畅，调味品效应就能起到调味的作用，将各种人际关系整合、配置好，发挥 1+1>2 的作用。

三是煽情作用。在人际关系中，调味品效应往往能够激发他人的情绪，活跃社交的气氛，从而起到煽情的作用，让交流的气氛变得更加热烈，从而有利于实现高效沟通。

主动出击，成为社交达人

在与人沟通、交流时，尽量多用对方的名字，这样能够更快地记下来。另外，如果他人的名字与我们所知道的某些词语或是与自己熟悉的人的名字有相似的地方，我们不妨使用这个相关联的点来记，从而更容易记住。

要记住他人的名字

1965 年，小布什在美国耶鲁大学开始了他的大学生活。当时，他是在达文波特学院。没过多久，他发现达文波特楼附近常常举行 DKE 联谊会。他深知这个联谊会是大人物经常出现的地方，而且在这里能够畅谈政治。此时，小布什想要在这里展开他的政治理想。可是，想要参加 DKE 联谊会并非易事，首先需要申请加入达文波特学院的学生会，这样才能有更多的机会在联谊会中展现自己。

有一天晚上，达文波特学院召开了关于选拔新人参加学生会的会议。此时的小布什得知这个消息，他对自己说，一定不要错过了这个千载难逢的好机会。当他到了会议地点时，发现已经有 50 多名新生和老生坐在那里了，他赶紧找了一个地方坐了下来。当会议开始时，负责主持会议的人对学生会做了简单的介绍后，对一名新生说："请你看看参加会议的这些人，你能叫出几个人的名字呢？"那名新生站起来看了一圈后，费了好大劲儿才说出了三四个人的名字，然后摇了摇头坐下了。之后，那位主持人又向其他几个新生提出了同样的问题，但结果都是如此。

当主持人对小布提出同样的问题后，他不慌不忙地站起来，竟然一口气叫出了所有参加会议同学的名字，这让学生会的主持人以及在场的人都佩服不已。其实，小布什在入学后没多久就已经用心记住了同学的名字，不管是在教室中、走廊上，还是在球场上，只要遇到同学，他都会主动喊对方的名字并跟他们打招呼，以结识更多的人。

正是因为他的主动和诚恳，也让很多人都记住了他，虽然他的成绩并不是很突出，却受到了更多同学的关注。另外，他对学校组织的各种活动都具有浓厚的兴趣，经常积极地参加，为日后的政治活动打下了基础。

其实，美国前总统乔治·沃克·布什在人际交往中正是运用记住他人的名字这个技巧拓展了自己的人际关系，也让他在社交中无往不利。有心理学家表示，在人际交往中，大多数人都相当看重他人能不能叫出自己的名字，所以，我们要用心记住与我们相识的人的名字，当与对方见面时轻松地叫出对方的名字，这会为我们赢得他人的好感，为建立良好的人际关系打下基础。

虽然名字只是一个符号，但它有特殊的意义。如果我们想要他人感受到尊重，首先就要记住对方的名字。反之，如果我们将他人的名字遗忘或是弄混，就会让对方产生反感，感觉自己不受尊重。有心理学家表示，从某种程度上来说，记住他人的名字是一种廉价而有效的感情投资。特别是在社交场合中，能够清楚地记住他人的名字，并在与对方见面时准确地叫出来，必然会增加对方对我们的亲切感和认同感，从而拉近彼此的心理距离。

而在企业管理中，如果公司职员能够记住每一位客户的名字，往往会取得意想不到的效果。在泰国，有一家已经有一百多年历史的旅店，这家旅店几乎每天都是客满，如果不提前预订的话，很难有机会入住。为何这家旅店的经营状况如此好呢？其秘诀就是让旅店的员工对每一个入住的客户都给予最真挚和细微的关心和重视。

比如，当一位姓王的先生入住这家旅店后，在对方早上出门时，旅店的工作人员只要见到他都会走上前问候："早上好，张先生！"因为旅店规定，特别是在楼层服务的工作人员要熟记每个房间客人的名字；当对方准备去餐厅用餐时，刚进入餐厅，服务生就会问："张先生，要坐老座位吗？"因为旅店的电脑中记录着对方上次所坐的位置；在对方离开旅店后，即使过去了很多年，他每年生日时都会收到这家旅店的生日卡片："张先生，生日快乐，您已经 × 年没有光顾我们的旅店了，我们全体员工随时欢迎您的到来。"

这就是这家旅店的经营秘诀所在，时刻记住客户的名字，从而紧紧抓住对方的心，让对方感受到被关注和被尊重。正如成功学家戴尔·卡耐基所说："一个人的姓名是他自己最熟悉、最甜美、最妙不可言的声音，在交际中最明显、最简单、最重要、最能得到好感的方法，就是记住人家的名字。"因此，对于每个人来说，都非常乐意他人能够记住自己的名字，从而更愿意与对方交往。

有心理学家指出，能够记住他人的名字，其实也是一种重要的人际交往能力。如果我们拥有了这种技能，就能够让自己在人际交往中变得如鱼得水。那么，如何才能记住他人的名字呢？有什么技巧呢？对此，有专家总结出以下几种方法：

一是重复一遍他人的名字或是写下来。在与人交往时，在互相介绍之后，如果对方的名字不容易记住或是为了验证自己是否听错，不妨重复一遍或是几遍，从而让自己记得更牢固。

如果自己的记性不太好，只记得他人的名字却记不住长相，这样只会将名字弄混，所以不妨写下来，偶尔翻看一下自己所记的名字，并与其相貌联系在一起，慢慢地，我们就能轻松地记住对方的名字了。

二是索要名片。如果是在社交场合中认识他人，我们不妨索要对方的名片，将对方的信息以及相貌特征迅速地记住，以免与其他人弄混了。如果我们忘记了他人的名字，就可以随时查看一下对方的名片。

三是多使用他人的名字，并用与之相关的词汇进行记忆。在与人沟通、交流时，尽量多用对方的名字，这样能够更快地记下来。另外，如果他人的名字与我们所知道的某些词语或是与自己熟悉的人的名字有相似的地方，我们不妨使用这个相关联的点来记，从而更容易记住。

自信地与别人交往

在一所医科大学中，很多学生一到了考试时就会犯怵，因为他们总是担心如果考试过不了还要补考，所以在考试时他们都特别不自信。

在一场期末考试中，一位医学教授边发试卷边对即将开始实习的学生们说："很高兴在这个学期给你们授课，我知道你们每个人都很努力和认真，而且你们之中有很多人在毕业后都想去医院实习。所以，我提议今天任何一位同学自愿退出这场考试，我都会给他'B'的成绩。"

很多同学听了都异常开心，大多数同学都站了起来，并走到教授的面前，感谢他给自己"B"，然后将自己的名字签完之后就出去了。此时，教室中只剩下屈指可数的几名学生。教授看了看他们说："还有谁要自愿退出呢？这是最后一次机会了。"此时，又有一位同学站了起来，走到教授面前签上自己的名字。

最后，教室中只剩下7名学生了，而且他们都没有自愿放弃考试的意思。此时，那位教授将教室的门关上，对剩下的学生们说："你们如此自信，我感到很高兴，你们的成绩我都会打上'A'，并且之后你们可以去我所在的医院实习。"

在日常生活中，我们常常会像上文的学生那样因为不自信而失去了很多机会，或是因为不自信而毁了自己的前程。在人际交往中，有的人因为遭遇各种困境而导致心理受挫，从而害怕社交，结果让自己的人生和事业受到巨大的影响。

比如，小罗是一个成绩优秀的大学生，专业能力也比较强，但性格有些内向，做什么事都不怎么自信。毕业之后，他在某公司做起了外联的工作。可在与人交往中，他总是由于不自信而有些口吃，而且还容易说错话。久而久之，他变得不善言谈，也不愿与同事或是其他人交流，因为他总担心自己说多错多。后来他逐渐变得有些自闭，最后连工作也做下去了，只好辞职在家。本来他可以有一个好的前程，却因为不自信而毁了自己的前程。

所谓的自信，就是个人对自身能力的综合评估和认可，如果对自己没有信心，自然就无法认可自己，势必会产生畏难的心理，事情也会因此做不好，这样就无法获得他人的肯定和认可。如此恶性循环，就会让人越来越缺乏自信，久而久之，就会导致心理出现障碍，不仅影响人际交往，还会影响自己的事业。因此，我们要学会树立自信，从而克服内心的恐惧和焦虑，唯有如此，失败才会远离我们，才能逐步走向成功。

正如美国著名的心理学家威廉·詹姆斯所说："行动好像是紧随感觉之后产生的，但事实上它是与感觉并行的。行动受意念的直接控制，通过意念来控制行动，我们也可以间接地控制感觉，但感觉却不受意念的直接控制。因此，假如我们失去了原有的自然的快乐，那么，让你自己变得快乐的最佳方法，就是快快乐乐地坐下来，让自己表现得本来就很快乐一样。如果这种方法还不能让你觉得快乐，那就没有别的办法了。所以，让自己感觉自己很勇敢，而且表现得好像真的很勇敢，并竭力运用你所有的意念去达到这个目标，那么勇气就很可能取代恐惧。"

其实，自信是一种心态，在社交场合中，很多人都会因为缺乏自信而丢掉大好的机会。所以，有心理学家建议，与人交往时一定要学会放平心态，与他人沟通、交流时要表现得镇定自若，将自己优秀的一面展现出来，好好把握住眼前的机会。另外，在自信地与人交往的同时，要信任他人，才会让我们更容易获得他人的认可和喜欢，让我们变得更有魅力。

那么，在社交场合中如何才能自信地与人交往呢？如何才能让自己变得更加自信呢？对此，有专家提出以下几点建议：

一是深呼吸。如果在社交场合中我们感到紧张、焦虑、恐惧等，此时，我们不妨做一次深呼吸。深呼吸30秒，不仅能够帮助我们提神，还能给予我们信心和勇气，正如著名男高音歌唱家简·德·雷斯基所说："你如果气充于胸，那么紧张感自然就会消失。"

二是做好准备。在与人交往时，如果我们想要成功说服对方，在沟通前必须做好充足的准备。正如林肯所说："即使是再有实力的人，如果没有精心的准备，也无法说出有系统、高水平的话来。"所以，在我们与他人交谈前先要广泛地搜集材料，并对我们所说的主题进行深入的思考。当我们确认准备充分之后，不妨设想话语权已经掌握在自己手中。只有相信自己能够做到，才更容易取得成功。

三是营造良好的外部形象。有专家表示，保持外在的整洁、衣着得体大方，往往能够增强一个人的自信；举手投之间摆出自信的姿势，久而久之，这些动作也能增强我们内心的自信；注意锻炼和保持健美的体形，对增强自信也可以起到很大的作用。

四是关注自己的优点。不妨在纸上写出自己的优点，比如，眼睛长得漂亮、为人善良等，当我们与人交往时，多想想自己这些优点，往往能够提升自己的自信。其实，不管是在社交场合中还是在学习工作中，都要善于抓住机会，展现自己的优点和特长，同时注意弥补自己存在的不足之处，进行有针对性的训练，才能克服不足，不断进步，增强自信心。

五是善于运用自我暗示。有心理学家表示，在社交场合中，想要与他人沟通时更顺畅，不妨多用一些积极的暗示，比如"我能行""我一定会做好"等，对自己进行正面的强化，从而不断提升自己的自信。正如英国物理学家迈克尔·法拉第所说："如果你想成功，告诉自己，他们一无所知！"

要主动地结识他人

高晖毕业于某名校，最近，他在某公司刚刚入职。按理说，作为新人的他应该主动与其他同事结识或是在工作中如果有什么不懂的地方，及时、主动地向他人寻求帮助，以便自己能够更快地融入环境中。可高晖却不是那样，即使自己不懂、不会，他也不会主动去问同事，更不会主动与人交往。

有一次，他在工作中犯了错误，领导发现后对他进行了指责，可高晖却反驳说："我是新来的人员，从来就没有人告诉我应该怎么做啊。"领导听后更加生气了："什么叫'没人告诉你'？在工作上，你有没有主动去问其他同事或是问过我吗？如果你懂得主动询问别人，就不会犯这样的错误。"可高晖依然推脱说："主动询问别人不是我的风格。"这让领导听了很无语。

在人际交往上，他也是如此，从来不愿主动结识其他人，结果在公司做了几个月，他只与邻座的两个同事说过几句话，而且还都是工作上的事情。平时在外面见到其他同事或是领导，他也不会主动地与对方打招呼。因此，同事都说高晖是个"怪人"；更有同事议论说"他是不是太过清高了，以为自己名校毕业的，看不起其他人呢"。渐渐的，很多人都不愿与高晖交往了。

心理学家表示，在人际交往中，我们要懂得主动出击，主动结识其他人。在陌生的环境中，想让自己尽快地从陌生走向熟悉，进而成为大家的朋友，首先就要丢掉"冷漠"的面具，率先向他人发出友好的信号，因为处于主动地位的人往往比处于被动地位的人更易建立良好的人际关系，从而与他人沟通顺畅。

在社交场合中，如果想要实现高效沟通和拓展人脉，取得成功，就要鼓足勇气，先迈出第一步，主动结识他人，不能因为自己的性格内向或是其他原因而让自己原地踏步。否则，结果只会像上文的高晖那样没人愿意与其交往。

因此，在人际交往中，我们要做一个积极主动的人，而不能成为一个消极被动的旁观者。当发现他人对我们有所帮助时，就要勇敢地走上前，积极主动地参与交流。同时，我们要设法克服自己害羞或是怯场的心理。我们只有大胆地伸出友谊之手，才能让自己获得更多的朋友，有更多机会获得成功。

说起周杰伦，可能很多人都对他相当熟悉，喜欢他的每首歌，喜欢古典韵味十足的歌词，比如《发如雪》《青花瓷》等。而这些优美的歌词都是填词人方文山所创作的，随着周杰伦的走红，方文山也走入了大众的视线中，让更多的人知道了他的名字。

可是，方文山在成功之前却遭遇过各种不如意：给人送过外卖，做过推销等工作。但为了实现自己的理想，他将所写的歌词寄到大大小小的唱片公司和音乐人手中，总共寄出上百封这样的信件。虽然在此过程中，他经历了漫长的等待，用他自己的话来说就是"猜测、焦虑、心急、否定、绝望……"

功夫不负有心人，他终于遇到了赏识自己的伯乐——娱乐圈的大佬级人物吴宗宪，当他接到对方的电话时难以置信。他清楚地记得"那天是 1997 年 7 月 7 日凌晨 1 点半（没有左右）"。同时，也是吴宗宪挖掘出了周杰伦这个音乐人才。最终，两个人都获得了展示自己才华的舞台，从而实现了自己的梦想。

方文山之所以能够取得成功，离不开他积极寻找和结识那些能够帮助自己的人，主动地向他人发出合作的信号，主动向对方提出交往的请求。因此，心理学家表示，获得成功的前提质疑就是要学会主动经营自己的人脉，主动地结识朋友。

心理学家经过研究发现，在人际交往中，越是被动交往的人，在人际关系中就越没有安全感。因为对于这类人来说，他们有很强的自我保护意识，总是担心自己会被他人伤害。其实，他们并不是发自内心地不愿与他人交往，而是不愿意采取主动与人交往，担心对方会不理睬或是不喜欢自己。所以，他们在与人交往时需要鼓足勇气，一旦得到对方的回应，他们就会备受鼓舞；一旦遭到冷遇，就会认为对方不喜欢自己。

另外，还有一些人受到社会地位、身份等影响，总是会有"先与他人打招呼，显得自己好像有求于对方似的""主动向他人请求帮助，对方如果太忙、不愿意，岂不是很难堪"等错误的想法，从而导致他们不愿主动地与他人交往，最终导致社交受阻。

那么，在人际交往中，我们如何才能主动地结识他人呢？如何主动地打开人与人之间的友谊之门呢？对此，有专家提出以下几点建议：

一是为自己创造结交的机会。在人际交往中，如果与他人素不相识，而我们又希望与对方结交，此时，我们不妨采用为其提供服务的方式，来为自己创造结识的机会。

比如，在很多影视剧中都会有这样的桥段：当一个男生想要结识漂亮的女生时，如果无法正常地与对方结识，就会人为地制造一些机会，例如英雄救美等。如果帮助了对方，就会让对方欠自己一个人情，从而有更多的机会进一步交往。

二是学会适时地问候他人。在节假日或是他人过生日时，我们不妨整理一个问候清单，为自己的同学或是朋友送上祝福。或是在合适的时机，邀请大家一起相聚，以分享各自的经历和趣事，从而拉近彼此的距离，拓展自己的人际关系。

三是善于使用社交工具。如今社会是信息网络发达的时代，如果在现实生活中我们无法主动地认识其他人，不妨使用一些社交工具，比如 QQ 读书或是电影群、微信等渠道来主动地认识更多有共同兴趣的人，从而让我们与他人顺利地沟通。

四是主动打开对方的心锁。有一扇铁门被一把铁锁紧紧地锁着，一旁的铁锤想要打开铁锁，就用力地想要将其砸开，但怎么都无法成功。谁知，钥匙走过来，直接将铁锁打开了。铁锤很不解，钥匙却轻轻地说了一句："我知其心也。"这则故事表明，与人交往时，想要实现高效沟通，与他人建立良好的人际关系，就要主动而巧妙地打开对方的心门。

五是参加各种活动。有专家表示，如果想要发展良好的人际关系，拓展自己的人脉，与他人沟通得更加顺畅，就要积极地参加各种活动，因为在集体活动中有表现自己、结交他人的平台，会让我们结识更多朋友。

帮助陷入困境的人

在一个暴雪肆虐的晚上，一个中年女子满脸疲惫地走进一家旅店，准备在这里住一晚。可不承想，由于正值旅游旺季，旅店的房间已经被订完了。前台一位值班女生只好抱歉地对她说："不好意思，女士，我们的房间已经被客人订满了。"中年女子面带愁容，不禁嘀咕道："这让我如何是好啊，我在这大雪天已经找了好几家旅店，都客满了，那我去哪里住宿呢……"

那个女生见此很不忍心，她诚恳地对那位女士说："这么恶劣的天气你再去其他地方找住宿的话肯定很不便，而且现在也很晚了。如果你不嫌弃的话，不妨到我休息的房间住宿一晚吧，反正今晚我要值夜班。"中年女子听到了那个女生的建议非常感激，便接受了对方的好意。

可能是天气比较寒冷，而那位中年女子又在大雪天奔波了这么久，所以导致她因为身体不舒服而难以入睡。正当她辗转反侧时，突然听到有人敲门，原来是值班的那个女生，她拿出一盒感冒药对她说："我刚刚听你说话时有些咳嗽，而且你衣着也比较单薄，想必是感冒了。所以我给你拿了一盒感冒药，你吃完再睡吧。"中年女子再次被女生的细心和热心的帮助所感动。

第二天早上，那位中年女子感觉身体好了很多，她去前台要付给那个女生房钱，可对方却推辞了："我是不能收你钱的，因为那个房间并不属于客房，而是值班人员休息的地方。"一番推辞之后，中年女子只好将钱收了回来。

中年女子离开后没多久，那个值班女生收到了一封信，看了信中的内容才知道是那名中年女子寄过来的。信中除了表达对她的感激之情外，还邀请她到北京一游，并附上往返的机票。那个女生带着好奇心应邀到了北京，在一家高档的饭店见到了那位中年女子。对方微笑着对她说："我是这家饭店的负责人，想要高薪聘请你做我的助理，不知你是否愿意呢？"女生很不解："为何会选择我呢？"对方回答道："因为你的热心帮助，让我认准你一定是一个很出色的员工，这是我迫切需要的。"之后，那个女生的命运发生了重大的转变。

如果在那个漫天大雪的晚上，这位女生没有对那个陷入困境的中年女子伸出援助之手，那么，她可能一直都在那家小旅店中做前台。而女孩的举动之所以让那位中年女子感动和铭记，是因为女孩给予了她迫切需要的温暖和关心，这份善意被成倍地放大，从而惠及女孩自身。

在日常生活中，我们经常会看到这样的现象：当一些人得势时，其他人都会锦上添花，送去祝福；而对那些处于失意或是困境中的人，有的人则是选择冷落或是置之不理的态度，甚至会落井下石。这样不仅会造成无效社交，还会破坏自己的人际关系。因为世事无常，那些陷入困境和失败的人可能很快就会东山再起，到时候会让人始料未及。

因此，有专家建议，在人际交往中，当遇到他人陷入困境或是失意时，千万不要做冷漠的旁观者，更不要做落井下石的小人，即使我们无力帮助对方，但至少要给予对方一个鼓励的微笑或是一些暖心的安慰。有时候一个体贴的眼神、一句温暖的话语都能让人振奋。当一个人失意时，最迫切需要的就是别人的鼓励和帮助。即使微不足道的小小举动，都会让对方感激不尽。所以，在人际交往中，懂得伸出援助之手，帮助那些陷入困境或是失意的人，不仅能够赢得他人的好感和信任，还能建立良好的人际关系。

钟宇是某公司的一名主管，虽然在这家公司做了不到两年，但他不管是与领导还是下属都相处得很好，因为他懂得帮助那些陷入困境的人。

有一年，公司因为投资失利而面临破产的困境，CEO老周面对眼前的困境焦头烂额，公司也是乱作一团，很多员工都纷纷提出离职，而钟宇并没有像其他人那样离开公司。他深知现在对老周是一个很大的打击，如果所有的人都走了，整个公司就彻底垮了。于是，他一方面说服与自己相处不错的领导和下属，让他们留下来，另一方面则鼓励老周积极地采取应急措施。老周看到钟宇和其他留下的员工这么支持自己，获得了强大的信心和动力。

后来，经过他们一番努力和拯救，在几个月后，公司又恢复了正常的运转。之后，钟宇成为老周的得力干将，老周还将股份分给他一部分，而对那些留下来的同事，老周也给予了丰厚的酬劳。

所以，在人际交往中，当发现他人深陷困境或是处于失意中时，我们要懂得及时地伸出援助之手，给予对方鼓励和帮助，这样不仅能够得到他人的感激，更能获得对方的信任，从而拓展我们的人际关系。那么，如何帮助那些陷入困境或是失败中的人呢？对此，有专家提出以下几点建议：

一是鼓励对方看到自己的闪光点。当他人面对困境或是失败时，他们往往看不到自己的优点和长处，而是一味地沉浸于沮丧、失落的情绪中。因此，我们应该鼓励对方看到自己的优势和闪光点，并激励他们走出困境，勇敢地面对挑战。

二是对对方委以重任。当他人处于失意中时，我们不能因为对方曾经失败过而认为他们无法再承担重任，相反，我们应该给对方第二次机会，委以重任，这样才能提升对方的信心，让其尽快从困境和失败中走出来，同时对方也会对我们更加感激。

三是帮助他人要及时、适度、平等。在人际交往中，当发现对方处于困境或是失意中时，我们在提供帮助时要及时、适度、平等，因为提供帮助的效果如何，与给予的帮助多少、大小是不成正比的。另外，如果给予他人的恩惠过重，就会让对方感到自卑，甚至会讨厌我们，因为这不仅让他们无法报答，还会让其感到自己很无能。因此，在与人交往时，尽量多做一些雪中送炭的事，少做锦上添花的事，这样才能建立良好的人际关系，才能与他人沟通得更顺畅，实现高效社交。

经营自己的好人缘

吴越是某公司的老板，虽然他做生意挣了不少钱，可谓富甲一方，但他总认为"商场无父子"，所以做生意时常常是六亲不认，从而得罪了不少人。有时候，为了能够争取更多的利益，他会采用某些手段排挤对手。更恶劣的是，当他人生意失败时，他就会嘲弄对方是"手下败将""不堪一击"……

有的人看不过去，就劝他道："做生意重要的是和气生财，大家都是做生意的，何必要这么得罪对方呢？广结人缘不是对你的生意更好吗？"吴越却不以为然地说："这有什么？我做生意一向是靠自己，又不靠其他人，为什么不能得罪他们。"

不久，吴越因为投资失利而导致自己的公司无法运营，他本想借钱来应急，可由于平时他的人缘太差了，结果借了一圈，没有一个人愿意借给他。最后，他的公司以破产而结束运营，而且还债台高筑。

而同是做生意的王峻却与吴越相反，他从刚开始起步时就很重视人缘，不管对方是竞争对手还是普通客户，他都非常重情义。因为他秉承"买卖不成人情在"的理念，即使商场如战场，但他认为在商场上也要用心、用情。

有一次，他与一位客户谈生意时，得知对方的母亲身体很不好，需要一种偏方来治疗，但是一直找不到。事后，王峻就特别上心，每次去外地出差时都找人四处打听这个偏方。后来，他获得这个偏方，立刻给客户发了过去，对方收到后深表感谢。之后，他们不仅有生意上的合作，还成为不错的朋友。

由于王峻善于经营人缘，所以他的生意越多越大。在商界中，他的名声也是相当好，很多人都愿意与其打交道。

因为吴越平时人缘太差，导致他遇到困难也无人愿意帮他，最终沦落到公司破产的下场；而王峻在商场中却善于经营和培养人缘，懂得用心对人，不仅维持了良好的人际关系，而且还将自己的生意越做越大。可见，人缘在社交中是多么重要。

所谓的人缘就是人际关系，有心理学家指出，在人际交往中，生活、工作顺利与否，往往取决于我们是否拥有良好的人缘。正如戴尔·卡耐基所说："一个人事业的成功，15% 基于他的专业技能，85% 则取决于他的人际关系。"这表明，想要事业上取得成功，就要善于经营人缘，拓展自己的人际关系，实现高效社交，避免无效社交。

那么，在社交中我们如何经营自己的人缘呢？如何才能拥有好人缘呢？对此，有专家提出以下几点建议：

一是诚恳地承认自己的错误。在人际交往中，摩擦和矛盾总是在所难免的，关键是能够主动而诚恳地承认自己的错误。其实，有时候认错并不代表我们真的错了，但这种做法能够促进我们与他人心理上的沟通，从而缓解彼此的紧张关系。所以，心理学家建议，在社交场合中要懂得与人为善，不要意气用事，否则就会得罪他人、暗结冤家，从而给自己的人际关系和事业带来不利的影响。

比如，香港巨商曾宪梓在成名之前是从一个推销员做起的，有一次，他背着一大袋领带到一家服装店进行推销，但老板看到他一身寒酸的打扮，就不客气地将其赶走了。他只好沮丧地离开，回到家中他进行了自我反思。第二天一早，他衣着整齐地再次去了那家服装店，诚恳地对老板说："很抱歉，昨天冒犯您了，今天能否请您喝早茶呢？"

老板见他衣着整齐、说话有礼貌，对他心生好感，欣然答应他的要求。当对方问他领带是否带来时，曾宪梓却真诚地表示，自己今天是专门来道歉的，没有带货品。对方被他的真诚和谦逊所感动，也诚恳地表示，明天将领带都拿过来吧。之后，他与那家服装店的老板不仅多次合作，还成了很好的朋友。

二是懂得尊重他人。心理学家菲尔·麦格劳曾说："是你教给别人如何对待你。"意思就是我们如何对待他人，他人就会怎么对待我们。如果我们懂得处处尊重他人，必然也会受到对方的尊重。在日常生活中，我们会有这样的经历：当大人带着孩子上街时，遇到认识的人就会对孩子说"给叔叔问好"或是"给阿姨问好"之类的话。其实，这种主动与人打招呼的行为就是尊重他人的一种表现。

三是学会宽容他人。与人交往时，彼此总会因为各种事情出现一些矛盾，此时，我们要明白"冤家宜解不宜结"，要学会宽容对方，不要因为他人的一点小错而耿耿于怀。如果心胸过于狭隘，只会将自己逼进人生的死胡同中。正如乔治·赫伯特所说："一个人如果不能原谅他人，就等于把自己面前的桥拆了。"

比如，小说《三国演义》将周瑜写成一个心胸狭隘的人，其实不然，据史料记载，他是一个宽容大度的人，正是因为他懂得宽容待人，才有不错的人缘。当时，东吴有一位老将程普，原来与周瑜关系不怎么和睦，但周瑜并没有因为程普对自己不好而疏远对方，而是不抱任何成见，依然与其交往，宽容对待程普。久而久之，程普了解了周瑜的为人，被他的宽容所感动，慢慢与其交好。

四是多与"好人缘"的人交往。俗话说得好："近朱者赤，近墨者黑。"如果在人际交往中，我们多与"好人缘"的人来往，就会给我们带来很多好处。因为人缘好的人有着宽广的人脉，如果我们与他们成为关系密切的朋友，那么，他们的朋友也就自然会成为我们的朋友，对我们拓展人脉有很大的积极作用。

五是学会与不同性格的人交往。想要获得好人缘，就要学会与不同性格的人打交道。在当今社会，由于生活、工作的要求，我们每个人都不可避免地要与不同的人交往。由于每个人的性格是不同的，我们不能因为看不惯他人的脾气秉性，就排斥对方，而是要懂得人与人是有差别的，要包容对方，才能与他人更好地交往，才有助于我们维系良好的人际关系。

正如一位日本企业家曾深有体会地说："我之所以能有今天的成就，单靠自己的力量是远远不够的，而是得益于我广泛的人际关系。我的朋友三教九流都有，如文化界、教育界、学术界、商业界……真是应有尽有。"可见，只有懂得与不同性格的人交往，才能拓展人际关系。而人缘是一笔无形的资产和财富，它会让我们的生活和工作变得更顺畅。

适当暴露个人秘密

李莎是一名中学老师，她最近接到学校安排的任务，让她做某个班的班主任。这让李莎犯难了：因为她从来没有管理过班级，而且现在的初中生正值叛逆期，管理得越严格，他们就越有叛逆心理。不过，为难归为难，李莎还是接下了这个任务，并下决心要将这个班级管理好。

与同学相处一段时间后，李莎发现班级中有一个名叫思思的女生很叛逆，不好好学习，经常在自习课上与其他同学讲话。而思思似乎很有领导力，只要她一说做什么，就会有好几个人响应她，但这些响应都是做与学习无关的事情。于是，李莎决定先将思思"拿下"，其他人就好管理了。

于是，李莎试着与思思接触，可对方总是有意躲避她。后来她从其他同学那里打听到，原来思思之所以这么叛逆、不爱学习，是因为家庭的原因。她是在单亲家庭中长大的，本来爸爸对她特别好，可爸爸再婚，又有了孩子后，思思总感到自己的父爱被剥夺了，爸爸也对她越来越不关心。于是，她便通过不学习或做一些叛逆的事情来引起爸爸的注意。

了解这些情况后，李莎找了一个机会与思思聊天，但她并没有问对方任何事情，而是像朋友聊天似的说了一些自己的情况。其实，她的境况与思思很相似，都是在单亲家庭中长大的，也是与爸爸一起生活的。可后来爸爸不幸去世了，所以她在上中学时就总是被他人嘲笑，说她是一个"野孩子"。即使如此，为了让家人放心，也为了让去世的爸爸心安，所以她不管他人如何嘲笑自己，都好好学习。

说完这些，李莎对思思说："这本来是我的一个小秘密，可我发现你的遭遇与我挺像的，所以就告诉你了。希望你不要因为错误的选择而影响学习，而应该通过好好学习来让你的爸爸更关注你。其实，你的爸爸一直都很疼爱你，只是因为家里有了新成员后，他不能将全部时间都放在你身上了而已。"

听了老师所讲的话后，思思感触很深，后来逐渐有所转变，学习慢慢取得了进步，与李莎也越走越近。之后，李莎所管理的班级在学校里表现得非常不错。

有心理学家表示，在人际交往中，如果懂得巧妙地向他人暴露自己的秘密和隐私，往往会很容易让对方感到我们的真诚，从而很快拉近彼此的距离，获得他人的信任。

不过，在现实生活中，有很多人都将自己的裹得非常严实，如同穿着一身"防护衣"，让他人看不到自己的个性和内心。无论对方如何敲打他们的心门，他们却不愿意打开。就像上文的思思，表面上她与不爱学习的人在一起玩耍、打闹，实际上则是封闭自己的内心，不愿对他人打开自己的心门，更不愿让他人看穿自己真实的想法。后来多亏老师李莎采用自我暴露的方法，拉近她与自己的心理距离，从而成功打开了她的心门。

因此，有专家表示，想要建立良好的人际关系，想要与其他人沟通得更顺畅，就要设法让他人了解我们。此时，不妨适当地暴露自己的真实想法和小秘密。这样不仅能够有更多的话题可以交流、沟通，还能给他人一种亲近感。

良好的人际关系，往往是在自我暴露程度逐渐加深的过程中不断发展起来的。信任程度和接纳程度越高，彼此之间就会更多地暴露自己，这种现象被称为自我暴露，也称为自我揭示，即个人主动地分享自己的情感、经验等。不过，有心理学家指出，自我暴露并不一定要暴露自己的隐私，这种暴露的程度往往是由浅入深，大概可以分为三个方面：

一是个人的兴趣爱好方面。比如，喜欢的娱乐活动、个人的饮食习惯等。

二是看法和评价。比如，个人对某些人或事的看法和评价，对某人的做法不甚喜欢或是某个要求感到不妥等。

三是个人隐私。比如，个人的感情经历或是一些不被大众所接受的想法等。

一般来说，自我暴露的层次越深，则表明我们与对方的关系就越好。

在日常生活中，我们会发现这样的现象：有的人与其他人沟通、交流时，往往会与对方讨论一些时事类的新闻，但从来不会表明自己的态度，虽然他们与其他人交谈的次数比较多，但未必能够拉近彼此的距离；有的人虽然不善言谈，但在与人沟通时会适时地表达自己的观点和看法，反而能够很快拉近彼此的距离。

不过，自我暴露并不是越多越好，其中是有技巧可言的。如果过度地暴露自己的秘密或是隐私，可能会产生一些负面影响。比如，如果某个人总是在我们耳边喋喋不休地讲自己的隐私，而不关注他人是否感兴趣，只会引起我们的反感，从而导致无效社交。

那么，如何适当地暴露自己的秘密或是隐私呢？自我暴露时需要注意哪些问题呢？对此，有专家提出以下几点建议：

一是暴露秘密前先进行"侦查"。在与人交往时，我们要先了解对方的一些情况，比如，了解他人对哪些事情感兴趣、怎样的话题才能引起共鸣、对方是否值得信任等。了解这些情况后，才能适时地暴露自己的秘密，以"拉拢"对方，从而在短时间内拉近两个原本比较陌生的人的心理距离，消除彼此间的隔膜。

二是暴露时要自然而然。在与人沟通交流时，切不可自我暴露得过于急躁，而是要掌握好分寸，让对方不至于感到惊讶的程度。如果在交谈中过于草率地暴露个人的秘密和隐私，则会引起他人的反感和排斥，并会让对方产生"我是否也要将自己的秘密暴露出来跟他／她交换呢"的担忧，从而让对方陷入不安中。这样只会让彼此的沟通受到阻碍，也不利于建立良好的人际关系。

三是暴露秘密时要让对方感到真诚。当我们向他人分享自己的秘密或是隐私时，要表现得真诚一些，不能让别人觉得我们是有意拉拢他们，而是要让对方感到自己是不希望让第三人知道的。这样才能打动对方，让对方在不知不觉中为我们真诚的态度所感动，从而对我们产生信任。

主动寻求他人帮助

刘星刚刚参加工作，个性高傲的他非常爱面子，就算是在工作中遇到了障碍，也从来不愿意请教同事，而是自己埋头琢磨。就算是日常交往，刘星也不愿意接受他人善意的帮助，更不要说主动求人了。

由于他最近加班加点赶一个项目，忙得连下楼吃中午饭的时间都没有。身边的同事看他这么辛苦，就主动问他："小刘，要不要帮你带饭啊？"刘星头也不抬地摆摆手说："不用！"同事略显尴尬地转身走了。

在公司里待了一段时间之后，刘星发现自己与同事们的关系越来越疏远，越来越孤立。几乎没有哪个同事愿意跟他交流，所以他在公司里显得形单影只，独来独往。刘星不明白问题出在哪里。

有心理学家指出，在人际交往中，要学会主动地寻求他人的帮助，但要懂得求人的技巧，这样不仅能够避免被拒绝的尴尬，达到自己的目的，还能让我们与他人更好地相处。

不过，在日常生活中，有些人总是认为向他人寻求帮助有些低三下四、卑躬屈膝。其实不然，想要建立良好的人际关系，想要与他人沟通更加顺畅，就要懂得主动地向对方寻求帮助。有专家表示，在向他人寻求帮助时要做到求而不卑，求而不倚，要真诚有礼貌，更要讲究方法和技巧，才能成功地获得他人的帮助。

那么，在请求他人帮助时有哪些技巧呢？需要注意哪些问题呢？对此，有专家总结出以下几种方法：

一是向他人逐步提出要求。在人际交往中，我们会发现，如果我们向他人寻求帮助时一下子提出较大的要求，对方往往很难接受，但如果逐步地提出要求，对方就很容易接受。其实，这种现象被称为登门槛效应，也被称为得寸进尺效应，是指个人一旦接受他人的一个很小的要求后，为了给对方留下前后一致的好印象，很可能就会接受更大的要求，就像登门槛似的，登上一个台阶又一个台阶，最终到达高处，迈过门槛。循序渐进地提出要求，与他人沟通顺畅的同时，也能够顺利地实现我们的目的。

比如，美国心理学家曾做过这样一个实验：他们派人随机访问一组家庭主妇，希望她们能将一个小招牌挂在她们住所的窗户上，这些家庭主妇想都没想，就接受了对方的请求。

没过几天，他们再次访问这组家庭主妇，希望能将一个较大且不怎么美观的招牌放在庭院中，结果，有一半的家庭主妇同意了这个要求。同时，心理学家又派人访问另一组家庭主妇，直接向她们提出将那些较大且不怎么美观的招牌放在她们的庭院中的要求，结果仅有不到 20% 的家庭主妇勉强同意了。

二是寻求他人帮助时要明确具体的内容，以提高获得帮助的概率。如果自己是一个交通事故中的伤者，当身边有一群人围观时，此时我们不应该说"谁来帮帮我"这种话，而是应该请求其中一个人来帮助自己。因此，专家建议，如果自己正处于困境中，而身旁有很多人围观时，一定要积极地向他人寻求求助，并设法引起他人的注意，具体到某个人，提出明确的要求。

比如，当自己不慎摔倒在地无法起身，身边有一些人聚拢过来时，如果这些人中有一个穿着黑色外套的年轻人，我们就应该对对方说："穿着黑色外套的年轻人，麻烦你能过来帮一下我吗？"此时，我们的请求就会从众人身上集中到他一个人的身上，他就不会考虑其他人的想法，不再观望其他人的行动，我们获得帮助的概率也就会大大增加。

三是学会铺路搭桥来寻求他人帮助。有专家指出，在与人交往的过程中，如果我们想要寻求他人的帮助，要学会在求人办事前，为他人做一些事。如果大事做不了，不妨做一些力所能及的小事，当我们为别人尽心尽力，关系变得融洽后，再请求对方帮忙，往往要容易很多。

比如，小贾与老贺是邻居，他本打算向老贺借汽车用两天，但他并没有直接去借，而是先帮助对方做一些事情。由于老贺最近正在忙着帮孩子选择考哪所学校，于是，小贾就找了一些学校的资料给老贺，并向教育行业的朋友询问建议。随后小贾将其整理好送给了老贺，以让他更好地进行选择。之后，小贾再找老贺借车时，老贺欣然地借给了他。

四是请求他人帮助时要注意自己的语言。有专家建议，在向他人请求帮助时不要刻意咬文嚼字，更不要使用那些文绉绉的语言，而是要用简单明了、自然流畅的语言，将所请求的事情讲清楚，才更容易让人接受。有调查研究发现，在与人沟通时，人们所讲的话在 45 秒以内别人更易理解，最长是一分半钟。因为一分钟所讲的话大概是 280 个字，超过这个限度，则会让人感到冗长、沉闷，如果超过两分钟，会让人更难以理解。因此，在请求他人帮助时说话要简明扼要。

除了讲话要言简意赅外，还要注意求助的对象，如果对牛弹琴，所说的话再精彩也是没有任何用的。因此，专家建议，说话时还要"看人说话"，根据实际情况来展现自己的语言魅力，特别是面对陌生人，我们要学会察言观色，边看边说，以让对方更好地接受我们所说的，从而自愿伸出援助之手。